Yu Mshelia

Métricas de qualidade de software

Yu Mshelia

Métricas de qualidade de software

Abordagem de recolha de métricas

ScienciaScripts

Imprint

Cover image: www.ingimage.com

This book is a translation from the original published under ISBN 978-3-330-34700-7.

Publisher:
Sciencia Scripts
is a trademark of
Dodo Books Indian Ocean Ltd. and OmniScriptum S.R.L publishing group

120 High Road, East Finchley, London, N2 9ED, United Kingdom
Str. Armeneasca 28/1, office 1, Chisinau MD-2012, Republic of Moldova, Europe
Printed at: see last page
ISBN: 978-620-7-73261-6

Índice

Dedicação

Este trabalho é dedicado ao meu pai, U.K Mshelia (falecido) e à minha mãe, Mary, que sempre me amou.

Agradecimentos

A ideia e a vontade de prosseguir a investigação só podem ser atribuídas a Deus, o autor de tudo.

O investigador está grato ao Dr. S.T Apeh, que, de forma estratégica e voluntária, deu um contributo fundamental desde o início e constituiu uma grande motivação para este trabalho. A tutoria e orientação do Engr. E. Olaye é credivelmente significativa. Todas as lacunas e contornos foram polidos pelo seu contributo inteligente.

A minha mãe, Mary Mshelia, apoiou-nos de todas as formas possíveis, assim como os meus irmãos Barka, Hyelhara, Manasseh e John. Os amigos Ishaku YY, Rejoice e Grace não podem ser esquecidos. O meu muito obrigado. Os meus irmãos do Benim, Engr. Ayuba, Sr. Gideon, Sr. Chidozie, Sr. e Sra. Hyelyankuri, Sr. e Sra. Obiora, Sra. Ann, família CGMI Ekosodin, etc., Deus abençoe o vosso apoio incomensurável.

Os conhecimentos específicos adquiridos nas minhas aulas com o Engr. J.A. Ighimoh, o Dr. O.I. Omoifo, o Prof. P.O. Otasowie, o Prof. S.C Chiemeke e o Dr. D. Okhuongae foram, de facto, grandes contributos para o sucesso deste trabalho.

Obrigado.

Resumo

Na monitorização recorrente da qualidade durante o processo de desenvolvimento de software, numerosas ferramentas de métricas de qualidade evoluíram em resposta à necessidade progressiva de avaliação da qualidade. A maioria destas ferramentas, no entanto, é desenvolvida de acordo com as restrições dos requisitos do sistema, restrições de plataforma e/ou definições organizacionais, uma vez que existem muitas (mais de 1000) métricas de qualidade que possuem ferramentas para uma métrica selecionada. Mais especificamente, a flexibilidade restrita de modificar a ferramenta existente para obter um repositório de métricas abrangente, a criação de vários ambientes de avaliação da qualidade e uma plataforma de recolha de resultados não relacionada para analisar os resultados das métricas e a capacidade de medir quantitativamente a qualidade do código para várias linguagens de programação são os problemas identificados. Assim, esta investigação tem como objetivo desenvolver uma ferramenta de recolha de métricas de software para a Web, integrando as ferramentas de métricas de Software de Código Aberto (OSS) existentes como componentes no novo ambiente independente de plataforma - a Web. Os objectivos são os seguintes: i) integrar componentes métricos de software seleccionados; ii) estudar e unificar a plataforma de recolha de ferramentas métricas de software existentes; iii) melhorar a flexibilidade de modificação das ferramentas existentes para uma maior extensibilidade; e iv) desenvolver uma ferramenta de recolha de métricas com a menor dependência de plataforma (baseada na Web), com enfoque em métricas tradicionais seleccionadas. A tabela de meta-análise da literatura revista (Apêndice A) foi utilizada para identificar esta lacuna e o modelo de processo de engenharia inversa para estender as ferramentas métricas de software (OSS, neste caso) existentes como componentes para o novo ambiente Web. Como resultado dos estudos sobre ferramentas métricas de software, este trabalho estabeleceu uma diferença estatisticamente insignificante nos dados calculados pelas ferramentas métricas com base numa taxa de erro de 1%. Além disso, através da análise de correlação, este trabalho estabeleceu novamente alguma relação, não relação e algumas diferenças difusas na correlação do conjunto de dados para todas as ferramentas utilizadas na experiência. MEtrics COllection TOol (MECOT) - um applet, é o produto de software resultante que foi concebido para recolher novas métricas como componentes numa única entidade.

Nomenclaturas

LOC – Lines of Code

KLOC – Kilo Lines of Code (Thousand Lines of Code)

CC – Cyclomatic Complexity

DIT – Depth of Inheritance

NEM – Number of Error Messages

MECOT – Metrics Collection Tool

CBSE – Component-based Software Engineering

HTML – HyperText Markup Language

PHP – Originally Personal Home Page now PHP: Hypertext Preprocessor (HTML-embedded scripting language)

IEEE - Institute of Electrical and Electronics Engineers

C&K – Chidamber and Kemerer

MOOD – Metrics for Object-Oriented Design

CASE – Computer-Aided Software Engineering

OSS – Open Source Software

CAPÍTULO 1: Introdução

1.1 Contexto do estudo

O software está incorporado em praticamente todos os aspectos da nossa vida: carros, leitores de multimédia, telefones, equipamento hospitalar, etc. É igualmente utilizado em ambientes organizacionais como escolas, hospitais, bancos, instituições governamentais, empresas de comunicação social, etc. O software é importante para o nosso quotidiano e deve funcionar de forma fiável e sem defeitos, para satisfazer as expectativas de qualidade dos utilizadores. Tornou-se, portanto, necessário construir software que responda à evolução dinâmica da era tecnológica.

A fim de conceber software de boa qualidade que satisfaça os requisitos dos utilizadores, os softwares de alta qualidade são orientados desde a recolha de requisitos até à conceção, implementação, teste e manutenção (Pressman, 2005). Por conseguinte, a engenharia de software proporciona uma área de estudo sobre a forma como o software é concebido, desenvolvido e mantido. A essência da prática da engenharia de software é comparada com a abordagem de resolução de problemas simplificada para o software desenvolvido e delineada como comunicação e análise, modelação e conceção de software, geração e teste de código e garantia de qualidade. Os testes de software e a garantia de qualidade são um processo que se mantém desde a fase inicial de requisitos e análise até à implementação, em que é gerado o código-fonte do programa (Pressman, 2005).

Como consequência da geração de código de software, os testes e a garantia de qualidade são uma parte importante da prática profissional da engenharia de software que dura o ciclo de vida evolutivo do software. Esta avaliação quantitativa está direccionada para o código-fonte.

As medidas de atributo do código-fonte na garantia de qualidade são importantes para determinar futuras modificações, extensões, manutenção do software, possivelmente a entropia do software (extinções) e características semelhantes do código-fonte que determinam a qualidade do software.

No controlo da qualidade do software, o produto de software é comparado de forma diferente com os requisitos e as normas de qualidade do código; consequentemente, os módulos de factores requerem atenção em todas as plataformas possíveis. Os primeiros testam partes e características que exigem fiabilidade e eficiência em termos de compatibilidade de hardware, portabilidade de plataforma, etc., enquanto os segundos se debruçam sobre o código-fonte do programa com características de código testáveis e toda a execução do programa, como o estado, os dados, o fluxo de controlo, etc. Como se observa nas tentativas metodológicas de realizar testes de software no programa (código-fonte) em preparação ou numa tentativa de satisfazer as expectativas de qualidade, a execução holística do programa tem recebido mais atenção do que a qualidade do código do software. Esta abordagem tem em consideração o controlo da qualidade pelo programador executante antes da intervenção do controlo da qualidade. Gordana (2015) relatou como esta área está apenas a ser reconhecida na gestão da qualidade do software. Esta avaliação empírica dos atributos do código-fonte do software está a ganhar terreno através da proliferação de diferentes métricas de qualidade de software.

Para determinar o grau de qualidade do software, são esperadas qualidades específicas desejáveis a um nível limiar. As qualidades essenciais, como a facilidade de manutenção, a facilidade de utilização, a reutilização, a fiabilidade, etc., são medidas de forma discreta e a qualidade é estabelecida com base nos atributos de composição do código-fonte, como as linhas de código (LOC), a complexidade ciclomática (CC), a profundidade da herança (DIT), o número de mensagens de erro, a entrada/saída, a profundidade do aninhamento condicional, etc.

Uma medida quantitativa do grau em que os itens de software possuem um determinado atributo de qualidade é a métrica de qualidade desse software (Radatz, Geraci, & Katki, 1990). Trata-se de uma função computacional cujas entradas são dados de software (normalmente o código fonte) e cuja saída é um valor numérico único que pode ser interpretado como o grau em que o software possui um determinado atributo de qualidade. (Radatz, et al., 1990). Consequentemente, as métricas tradicionais de qualidade do software significariam a medida quantificável equivalente dos atributos do software que são fundamentais para a conceção estruturada sem ter em conta a orientação para objectos. Assim, as métricas de software podem medir a qualidade através da computação manual e do exame do código-fonte ou da utilização de ferramentas automáticas equivalentes.

Dada a referida função métrica, uma ferramenta de software automatizada que recebe um código fonte como entrada, para produzir, através de uma interface de utilizador, a saída numérica que o software avalia como um atributo de qualidade, é a Ferramenta de Métrica de Qualidade de Software. É, portanto, evidente que as ferramentas métricas de software são fundamentalmente úteis na garantia e monitorização da qualidade do software.

1.2 Declaração do problema

Para as muitas (milhares) métricas de software existentes (Fenton & Neil, 2000), existe primeiro um processo computacional manual ou, na melhor das hipóteses, uma ferramenta automatizada de medição da qualidade para um subconjunto das muitas métricas. Estas diferentes ferramentas de métricas de software existentes são, na sua maioria, reestruturadas para serem alargadas ou utilizadas como plugins e, nalguns casos, completamente reestruturadas para serem melhoradas. Assim, os seguintes problemas específicos deduzidos foram abordados por esta investigação:

1. Flexibilidade limitada de modificação da ferramenta existente para obter um repositório de métricas abrangente
2. Capacidade de medir a qualidade do código para uma ou algumas linguagens de programação e incapacidade de determinar a qualidade do código para outra linguagem.
3. A criação de múltiplos ambientes de avaliação e de uma plataforma de recolha de resultados não relacionada para analisar os resultados das métricas.

1.3 Finalidade e objectivos

Esta investigação tem como objetivo desenvolver uma ferramenta de recolha de métricas de software para a Web, integrando as ferramentas de métricas de software de fonte aberta (OSS) existentes como componentes no novo ambiente independente de plataforma - a Web. Assim, os objectivos desta investigação são identificados da seguinte forma:

1. Desenvolver uma ferramenta de recolha de métricas com a menor dependência de plataforma

(baseada na Web), com enfoque nas métricas tradicionais.

2. Integrar componentes métricos de software seleccionados.

3. Estudar e unificar a plataforma de recolha das ferramentas métricas de software existentes.

4. Melhorar a flexibilidade de modificação das ferramentas existentes para uma maior extensibilidade.

1.3.1 Fase de análise e conceção

Nesta fase, será analisada a abordagem de conceção utilizada com base em duas definições.

i. Conceção de desenvolvimento de fonte aberta (OSD)

ii. Abordagem de conceção de software baseada em componentes (CSD)

Estas duas abordagens constituirão o quadro para a implementação da fase seguinte e são demonstradas num fluxograma de trabalho, tal como descrito no Capítulo 3.

1.4 Metodologia

A tabela de meta-análise é utilizada como ferramenta para recolher trabalhos relacionados. Uma análise sistemática do estudo é adaptada na fase preliminar para determinar as diferenças nos requisitos de execução das ferramentas. A abordagem de conceção utilizada é o modelo de processo de reengenharia de software descrito no Capítulo 3.

1.5 Âmbito do estudo

Para efeitos desta investigação, foram utilizados diferentes programas informáticos existentes na comunidade de fonte aberta, como o Sourceforge e o Github:

i. Potencial ferramenta métrica de software a utilizar como componentes a alargar/integrar na ferramenta métrica pretendida.

ii. Entradas de código-fonte (código-fonte) para testar e validar o funcionamento do MECOT proposto.

Os critérios de seleção das ferramentas de teste de fonte aberta devem ser

i. Ferramentas extensíveis (com base no facto de poderem ser integradas como um componente com um mínimo de modificações) para apoiar o MECOT proposto. O JavaLOC, que mede o LOC, foi a ferramenta adaptada ao MECOT para calcular mais duas métricas, o CLOC e o LOC+C.

ii. Escrita em Java

iii. 3 métricas tradicionais de software (LOCs) serão utilizadas para a implementação

i. Linha de código-fonte (LOC)

ii. LOC + Comentário (LOC+C)

iii. Linhas de código comentadas (CLOC)

1.6 Organização do relatório da proposta

O segundo capítulo apresenta a revisão da literatura e as ferramentas relacionadas. O capítulo três explica a metodologia da investigação, os prazos e as implicações em termos de custos. O capítulo quatro contém o teste e os resultados das conclusões preliminares da análise das ferramentas relacionadas e da nova ferramenta. O trabalho é concluído no capítulo cinco, com os trabalhos citados nas referências e nos apêndices que se seguem.

1.7 Definição dos termos

ATRIBUTO: (também atributo de qualidade) uma caraterística de um artigo; por exemplo, a cor, o tamanho ou o tipo do artigo.

ENGENHARIA DE SOFTWARE COM APOIO DE COMPUTADORES (CASE): utilização de computadores para auxiliar o processo de engenharia de software, que pode incluir a aplicação de ferramentas de software à conceção de software, ao rastreio de requisitos, à produção de código, aos ensaios, à geração de documentos e a outras actividades de engenharia de software.

CÓDIGO: instruções informáticas e definições de dados expressas numa linguagem de programação ou num formato produzido por um montador, compilador ou outro tradutor.

CÓDIGO: o processo de expressão de um programa de computador numa linguagem de programação

COMPATIBILIDADE: a capacidade de dois ou mais sistemas ou componentes desempenharem as funções requeridas partilhando o mesmo ambiente de hardware ou software ou mesmo trocando informações

COMPONENTE: uma das partes que constituem um sistema.

NORMA DE COMPONENTES: (IEEE Std 1002-1987[9]) Uma norma que descreve as características dos componentes de dados ou de programas

ENSAIO DE COMPONENTES: ensaio de componentes individuais de hardware ou software ou de grupos de componentes relacionados

COMPONENTE DE SOFTWARE PARA COMPUTADORES (CSC): uma parte funcional ou logicamente distinta de um elemento de configuração de software para computadores, normalmente um agregado de duas ou mais unidades de software

CONCEPÇÃO: o processo de definição da arquitetura, dos componentes, das interfaces e de outras características de um sistema ou componente. É também o resultado do processo descrito acima.

ENTIDADE: qualquer item que possa ser nomeado ou denotado num programa. Por exemplo, item de dados, instrução de programa ou subprograma

EXTENSIBILIDADE/EXTENSIBILIDADE: facilidade com que um sistema ou componente pode ser modificado para aumentar a sua capacidade de armazenamento ou funcional.

IMPLEMENTAÇÃO: o processo de tradução de um projeto em componentes de hardware, componentes de software ou ambos. É também o resultado do processo acima descrito

INTEGRAÇÃO: o processo de combinação de componentes de software, componentes de hardware ou ambos num sistema global

INTERFACE: uma fronteira partilhada através da qual é transmitida informação. Além disso, para ligar dois ou mais componentes com o objetivo de passar informações de um para o outro

LINGUAGEM: (IEEE Std 830-1984[6]) Um meio de comunicação, com sintaxe e semântica, constituído por um conjunto de representações, convenções e regras associadas utilizadas para transmitir informação

MÉTRICA: uma medida quantitativa do grau em que um sistema, componente ou processo possui um determinado atributo

OUTPUT: para transmitir dados para um destino externo

LINGUAGEM DE PROGRAMAÇÃO: uma linguagem utilizada para exprimir programas de computador

GARANTIA DA QUALIDADE (GQ): um padrão planeado e sistemático de todas as acções necessárias para proporcionar a confiança adequada de que um artigo ou produto está em conformidade com os requisitos técnicos estabelecidos. Além disso, um conjunto de actividades concebidas para avaliar o processo através do qual os produtos são desenvolvidos ou fabricados

ATRIBUTO DE QUALIDADE: uma caraterística que afecta a qualidade de um sistema

CONTROLO DE QUALIDADE (CQ): conjunto de definições destinadas a avaliar a qualidade dos produtos desenvolvidos ou fabricados

QUALIDADE: grau em que um componente do sistema ou um processo satisfaz os requisitos especificados.

MÉTRICA DE QUALIDADE: uma medida quantitativa do grau em que um item possui um determinado atributo de qualidade. Além disso, uma função cujas entradas são dados de software e cuja saída é um valor numérico único que pode ser interpretado como o grau em que o software possui um determinado atributo de qualidade.

SOFTWARE: programas informáticos, procedimentos e, eventualmente, documentação e dados associados relativos ao funcionamento de um sistema informático

PROCESSO DE DESENVOLVIMENTO DE SOFTWARE: o processo através do qual as necessidades dos utilizadores são traduzidas num produto de software.

AMBIENTE DE ENGENHARIA DE SOFTWARE: o hardware, o software e o firmware utilizados para realizar um esforço de engenharia de software

PRODUTO DE SOFTWARE: o conjunto completo de programas informáticos, procedimentos e documentação e dados eventualmente associados, destinados a ser entregues ao utilizador

CÓDIGO-FONTE: Instruções informáticas e definições de dados expressas numa forma adequada para serem introduzidas num montador, compilador ou outro tradutor

TESTE: Uma atividade em que um sistema ou componente é executado em condições especificadas, os resultados são observados ou registados e é feita uma avaliação de algum aspeto do sistema ou componente

Nota: Todas as definições são baseadas no Glossário de Engenharia de Software do IEEE (Radatz, et al., 1990)

CAPÍTULO 2: Revisão da literatura

4.1 Engenharia de software

Pela IEEE Computer Society, Engenharia de Software é (Radatz, et al., 1990):

(1) A aplicação de uma abordagem sistemática, disciplinada e quantificável ao desenvolvimento, operação e manutenção de software; ou seja, a aplicação da engenharia ao software.

(2) O estudo das abordagens referidas em (1).

A base da engenharia de software é a camada do processo. O processo de engenharia de software é a cola que mantém unidas as camadas tecnológicas e permite o desenvolvimento racional e atempado de software informático.

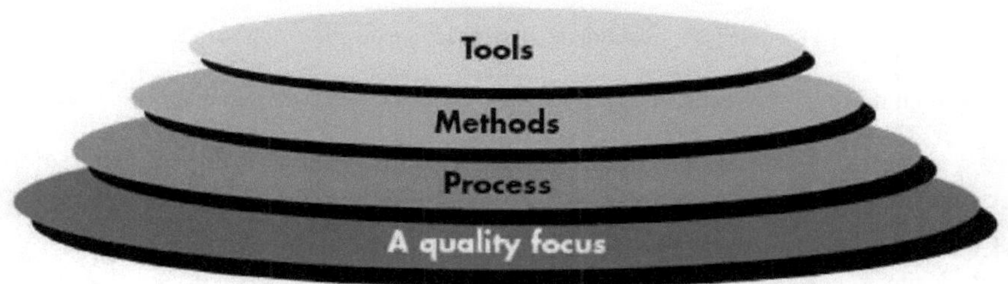

Figura 2.1: Camadas de engenharia de software

A capacidade de quantificar discretamente o desenvolvimento de software tornou a medição dos seus artefactos correspondentes testável em relação a um limiar de qualidade definido.

4.2 Qualidade do software

Qualquer abordagem de engenharia (incluindo a engenharia de software) deve assentar num compromisso organizacional com a qualidade. A gestão da qualidade total, o Six Sigma e filosofias semelhantes promovem uma cultura de melhoria contínua dos processos, e é esta cultura que, em última análise, conduz ao desenvolvimento de abordagens cada vez mais eficazes à engenharia de software. O alicerce que sustenta a engenharia de software é o foco na qualidade (Pressman, 2005). O acompanhamento da obtenção de qualidade no desenvolvimento de software é, por conseguinte, efectuado através da garantia de qualidade.

Quando um padrão planeado e sistemático de todas as acções necessárias para proporcionar a confiança adequada de que um artigo ou produto está em conformidade com os requisitos técnicos estabelecidos, o processo é a garantia da qualidade (Radatz, et al., 1990). No entanto, isto é praticável em relação a um padrão de medição.

4.3 Medição de software

A norma de medição descreve as características da avaliação de um processo de um produto, tal como definido pela norma IEEE Std. 1002-1987 [9]. O software é verificado para alguns objectivos específicos. São medidos em função do cumprimento dos requisitos do cliente ou dos requisitos técnicos. Os requisitos técnicos são determinados a partir do processo, do enquadramento, das ferramentas e dos métodos. No contexto da engenharia de software, uma medida fornece uma indicação quantitativa da extensão, quantidade, dimensão, capacidade ou tamanho de algum atributo do produto ou processo. Por conseguinte, a medição é o ato de determinar uma medida (Pressman, 2005). A medição de artefactos técnicos de software é moldada na definição de métricas de software.

4.4 Desenvolvimento de fontes abertas

Trata-se de um processo de desenvolvimento de software que publica o código-fonte de um sistema de software para que outros participantes de todo o mundo possam aceder e contribuir para o desenvolvimento do software. Quando aplicado a software informático, implica que os produtos de trabalho da engenharia de software (modelos, código-fonte, conjuntos de testes) estão abertos ao público e podem ser revistos e alargados (com controlos) por qualquer pessoa com interesse e autorização. O Software de Código Aberto (Open Source Software - OSS) é particularmente poderoso porque aproveita o poder da revisão por pares distribuída e a transparência do processo (Pressman, 2005).

Um resumo caraterístico da definição condicional de fonte aberta é dado por (Feller & Fitzgerald, 2000) como:

1. O código-fonte deve estar disponível para o utilizador

2. O software deve ser redistribuível

3. O software deve ser modificável e a criação de obras derivadas deve ser permitida

4. A licença não pode discriminar qualquer utilizador, grupo de utilizadores ou domínio de atividade

5. A licença deve aplicar-se a todas as partes a quem o software é distribuído

6. A licença não pode restringir agregações de software

Estas condições baseiam-se nas características da licença para diferenciar distintamente o software de fonte aberta de outro software, como o comercial, experimental, de utilização restrita, shareware, freeware, binários isentos de direitos de autor e bibliotecas isentas de direitos de autor.

4.5 Engenharia de software baseada em componentes (CBSE)

Ao procurar alcançar a qualidade no desenvolvimento de software, Szyperski (Szyperski, 1998) observou que a utilização de componentes é a principal fonte de produtividade e qualidade e que é a lei da natureza em qualquer disciplina de engenharia amadurecida.

Um componente é uma parte distinta de software escrita com a reutilização em mente que pode ser implantada com pouca ou nenhuma modificação. Parte-se do princípio de que os componentes se destinam a ser utilizados em determinados tipos de aplicações, o que implica a existência de restrições quanto à incorporação de um componente num sistema. As situações de procura crescente de desenvolvimento e manutenção rápidos e económicos de sistemas de software complexos e de grande escala constituem um desafio para a comunidade de software. Como consequência reactiva, a nova tendência para adotar a engenharia de software baseada em componentes (CBSE) tornou-se necessária (Kaur & Mann, 2010). A conceção ao nível dos componentes representa o software de uma forma que permite a revisão dos detalhes da conceção quanto à sua correção e coerência com outras representações da conceção (as concepções dos dados, da arquitetura e da interface). Além disso, proporciona um meio de verificar se as estruturas de dados, as interfaces e os algoritmos funcionam.

Os principais elementos que compõem a conceção de componentes de software são as especificações de funções e atributos dos componentes e a implantação, reutilização e abordagens orientadas para os objectos. Os padrões e as estruturas são métodos normalmente utilizados que contribuem para a realização e a implantação de componentes. A interface, a reutilização dos componentes da caixa negra e o comportamento em tempo de execução são os principais objectivos de uma engenharia de software baseada em componentes viável. Enquanto a interface capta a sintaxe das propriedades funcionais, os contratos desempenham um papel importante na compreensão da semântica das propriedades funcionais (Crnkovic, Hnich, Jonsson, & Kiziltan, 2002).

4.6 Applets

Um Java Applet[1] é um tipo especial de programa Java que um browser com tecnologia Java pode descarregar da Internet e executar. Um applet é normalmente incorporado numa página Web e é executado no contexto de um browser. Um applet tem de ser uma subclasse da classe java.applet.Applet. A classe Applet fornece a interface padrão entre o applet e o ambiente do browser.

O Swing fornece uma subclasse especial da classe Applet chamada javax.swing.JApplet. A classe JApplet é utilizada para todas as applets que utilizam componentes Swing para construir as suas interfaces gráficas de utilizador (GUIs).

O software Java Plug-in do browser gere o ciclo de vida de um applet.

[1] https://docs.oracle.com/javase/tutorial/deployment/applet/

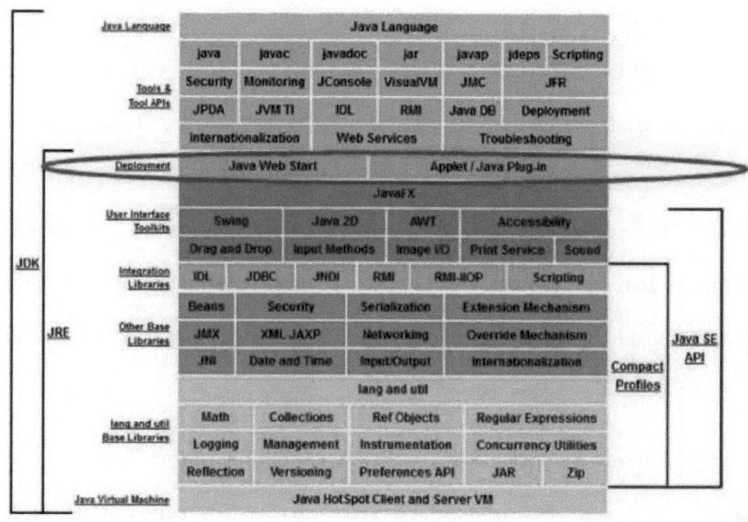

Figura 2.2: Descrição do diagrama concetual java

4.7 Métricas de software

É o principal instrumento de monitorização contínua do produto de software ao longo do processo de desenvolvimento. Métrica de software é um termo coletivo utilizado para descrever a vasta gama de actividades relacionadas com a medição na engenharia de software. Estas actividades vão desde a produção de números que caracterizam as propriedades do código de software (Fenton & Neil, 2000). As métricas de software têm sido categorizadas principalmente em duas: métricas de produto e métricas de processo (embora com outras excepções que consideram métricas de projeto ou métricas de recursos que são aqui consideradas como parte das métricas de processo (Sommerville, 2004).

As métricas do produto reflectem as características do próprio produto de software. Algumas características do software são visíveis para o utilizador, enquanto outras só são visíveis para uma equipa de desenvolvimento. De acordo com a disponibilidade dos atributos observados para os participantes no processo de desenvolvimento e para o utilizador final, as métricas de software podem ser divididas em internas e externas. É nesta linha de métricas que este trabalho pretende explorar ferramentas. As métricas de processo (métricas de projeto inclusive), no entanto, estão relacionadas às características do processo. Elas são utilizadas com o intuito de melhorar o processo de desenvolvimento de software observado. Uma medida frequentemente utilizada é a quantidade de esforço necessário para investir em todo o desenvolvimento de software em fases específicas ou em actividades específicas durante a fase de desenvolvimento. Estes esforços são reflectidos por algumas das medidas padrão, tais como homens-mês ou homens-dia. Outros exemplos de métricas de processo são a frequência de repetição de erros, o tempo necessário para eliminar ou reduzir os erros, etc. As métricas do projeto representam determinados valores relacionados com os recursos e os custos, a sua atribuição às fases individuais da evolução dos produtos, a produtividade e outros itens relacionados com o planeamento e a gestão do projeto (Gordana, 2015).

A história das métricas de software remonta a meados da década de 1960, quando a métrica das linhas de código (LOC) foi introduzida como base para medir a produtividade e o esforço de programação (Fenton & Neil, 2000). A medida do tamanho do produto (como em LOC/KLOC para milhares de LOC) é assumida para conduzir qualquer modelo preditivo. Em meados da década de 1970, foram reconhecidas as desvantagens óbvias de se basear numa medida tão grosseira como o LOC, que era insuficiente como medida substituta para noções tão diferentes de tamanho do programa. A necessidade de medidas mais discriminatórias tornou-se necessária com a crescente diversidade de linguagens de programação, uma vez que uma linguagem de montagem não é comparável em termos de esforço, funcionalidade ou complexidade a um LOC numa linguagem de alto nível. Na década de 1970, a complexidade do software suscitou um rápido interesse, iniciado por (Halstead, 1977) e (McCabe, 1976). Com as crescentes exigências da comunidade de software e a mudança da programação processual para a programação orientada para objectos, surgiram mais algumas métricas como a Morris Metrics (Morris, 1989), a C&K Metrics (Chidamber & Kemerer, 1994) e a MOOD (e Abreu, 1995). Lorenz e Kidd também expuseram o tema no seu trabalho sobre métricas de software (Lorenz & Kidd, 1994).

Desde então, muitas novas métricas foram iniciadas e adaptadas atualmente para satisfazer as tendências tecnológicas na evolução do software, a qualidade e os requisitos preditivos nos processos de engenharia de software. Como resultado, (Fenton & Neil, 2000) relataram que existem literalmente milhares de métricas que foram propostas desde meados da década de 1960.

2.1.1 Linhas de código (LOC)

As linhas de código (LOC), também conhecidas como linhas de código-fonte (SLOC), são uma métrica de software utilizada para medir o tamanho de um programa de computador, contando o número de linhas no texto do código-fonte do programa. O SLOC é normalmente utilizado para prever a quantidade de esforço necessário para desenvolver um programa, bem como para estimar a produtividade da programação ou a capacidade de manutenção depois de o software ter sido produzido.

Considere este trecho de código C como um exemplo da ambiguidade encontrada ao determinar o SLOC:

```
} /* count the lines of code*/
for (i = 0; i < 100; i++)
{
    printf("hello");
}
```

Neste exemplo, temos 4 SLOC, 1 linha de comentário (C) (CLOC) e 5 SLOC+C ou (C&SLOC). Outras formas de linhas de código são as linhas lógicas de código (LLOC ou SLOC-L), as linhas físicas de código (PLOC ou LOC-P) e as linhas de código em bloco (BLOC).

4.8 Ferramenta de métricas de software

As ferramentas de engenharia de software fornecem apoio automatizado ou semi-automatizado ao processo e aos métodos do seu desenvolvimento. Quando as ferramentas são integradas de modo a que a informação criada por uma ferramenta possa ser utilizada por outra, é criado um sistema de apoio ao desenvolvimento de software, designado por engenharia de software assistida por computador CASE (Sommerville, 2004).

4.9 Revisão da literatura

Esta secção analisa os trabalhos de investigação realizados no desenvolvimento de ferramentas de medição da qualidade do software (secção 2.8.1) e as tentativas de integração das métricas de software e das suas ferramentas automatizadas correspondentes (secção 2.8.2).

2.1.2 Ferramentas relacionadas com métricas de qualidade de software

As tentativas de automatizar as métricas de software remontam à ferramenta de certificação de software ATHENA (Christodoulakis, Tsalidis, van Gogh, & Stinesen, 1989).

O foco foi rapidamente deslocado para ferramentas métricas para a análise de projectos de desenvolvimento de software e a tendência foi impulsionada com a introdução do PROMIS (Kokol et al., 1995) com um modelo de estrutura para gerar ferramentas métricas na fase do ciclo de vida do desenvolvimento. Isto resultou do apoio à utilização de métricas de software que se estavam a tornar extremamente importantes para compreender o comportamento do software e o seu processo de conceção e utilização. Mas, infelizmente, os analisadores de software convencionais tinham várias limitações e eram programas de computador complexos que não eram fáceis de conceber, implementar e manter.

O projeto Crocodile (Lewerentz & Simon, 1998) fornece funcionalidades de análise estática que podem ser integradas num ambiente de desenvolvimento existente. O objetivo do projeto Crocodile é fornecer conceitos e ferramentas para uma utilização eficaz da medição quantitativa de produtos para apoiar e facilitar a conceção e as revisões de código. O campo de aplicação é o domínio dos programas orientados para objectos e, em particular, das estruturas reutilizáveis. Os seus principais conceitos são a integração de ferramentas de medição em ambientes de desenvolvimento de software existentes, utilizando conjuntos de ferramentas e mecanismos de integração existentes, mecanismos para definir modelos flexíveis de qualidade do produto com base numa abordagem de fator-critério-métrica, a utilização de contextos de medição significativos que isolam ou combinam componentes do produto a serem revistos, filtragem e apresentação eficazes dos dados de medição. Esta ferramenta fornece estes conceitos, em particular, como o SNiFF+ da TakeFive, um ambiente de programação C++/Java integrado de força industrial (Pfeiffer, 1997). O Crocodile fornece características de análise estática abrangentes, como as implementadas, por exemplo, no Audit-C/C++ pelo SemaGroup (Marinescu, 1997) e pode ser totalmente integrado num ambiente de desenvolvimento existente.

A Sun (atualmente Oracle) introduziu o JMetrics (Farnese, Melo, & Veiga, 1999), uma ferramenta de análise de código Java que implementa a análise de códigos fonte Java apenas como uma aplicação autónoma.

O MOOSE, um ambiente de ferramentas (Buhler, 2003), também veio com uma abordagem de reengenharia inversa à medição de software baseada no modelo FAMIX. A solução para o problema da apresentação dos resultados ao utilizador é uma ferramenta que apresenta as medidas calculadas através de uma interface gráfica. O Moose utiliza o MooseGager, uma ferramenta que apresenta as medições calculadas das entidades do modelo subjacente de uma forma simples e oferece também a possibilidade de gerar gráficos com base nessas medições. Estas e outras características desta ferramenta fornecem uma interface para o ambiente de reengenharia do Moose que ajuda o utilizador a utilizar eficazmente as medições disponíveis.

O PROM (Sillitti, Janes, Succi, & Vernazza, 2003) e a sua sub-ferramenta WebMetrics (Scotto, Sillitti, Succi, & Vernazza, 2004) propuseram uma camada de abstração e uma arquitetura de suporte à recolha e análise de métricas. A partir do reconhecimento da escassez de ferramentas automatizadas para coleta e análise de métricas, os pesquisadores acrescentaram que ela não contribui para a evolução da reengenharia de software. Também tem como parte de seus constituintes dados de um processo de software pessoal (PSP). A ferramenta utiliza uma arquitetura baseada em plug-ins que recolhe automaticamente os dados das ferramentas de desenvolvimento.

OOMeter (Alghamdi, Rufai, & Khan, 2005) calcula métricas no código-fonte, bem como em ficheiros XMI, e é extensível através de classes Java que implementam uma determinada interface. No entanto, só é executado em plataformas Java e funciona com código-fonte Java e C# ou ficheiro XMI gerado a partir da ferramenta de casos UML. O OOMeter foi concebido como uma ferramenta que pode ser utilizada para medir quantitativamente uma série de atributos de qualidade de cada um dos artefactos produzidos durante o ciclo de vida de um projeto de desenvolvimento de software. Estes artefactos incluem especificações de requisitos, modelos de design, códigos fonte e especificações de teste. De momento, no entanto, apenas são suportadas as métricas ao nível do código fonte e do design.

O QMetrics (Schackmann, Jansen, Lischkowitz, & Lichter, 2009) com o seu componente Bugzilla fornece uma infraestrutura geral para a especificação de métricas, relacionando-as com modelos de qualidade específicos da organização e avaliação automática com base em dados de comparação empírica. Também fornece suporte flexível a ferramentas para definir e avaliar modelos de qualidade baseados em métricas de software. A implementação de métricas adequadas às necessidades de informação específicas da organização deve ser efectuada em scripts personalizados. Por conseguinte, o desenvolvimento e a validação de novas métricas são morosos e dispendiosos. Além disso, as ferramentas disponíveis carecem de uma abordagem flexível sobre a forma de modelar a relação entre as métricas e os objectivos de nível superior. A sua força reside nos pedidos de alteração (CR), que prevêem métricas específicas da organização.

FLOSSMetrics (Herraiz et al., 2009) constrói, publica e analisa uma base de dados de grande escala com informação e métricas sobre o desenvolvimento de software livre. O principal objetivo do FLOSSMetrics foi construir, publicar e analisar uma base de dados de grande escala com informação e métricas sobre o desenvolvimento de software livre proveniente de vários milhares de projectos de software, utilizando metodologias existentes e ferramentas já desenvolvidas. O projeto também fornece uma plataforma pública para validação e exploração industrial dos resultados.

O PREST (Kocaguneli, Tosun, Bener, Turhan, & Caglayan, 2009) recolhe métricas de código-fonte e gráficos de chamadas em cinco linguagens de programação diferentes com uma capacidade de previsão e análise de defeitos baseada em aprendizagem profunda. É uma ferramenta java autónoma de fonte aberta que recolhe métricas de código-fonte e gráficos de chamadas em 5 linguagens de programação diferentes e efectua os seus cálculos.

Outra ferramenta que chama a atenção é o Squale (Bergel et al., 2009; Mordal-Manet et al., 2009), de código aberto e autónomo, que supostamente implementa métricas de software para todas as linguagens de entrada. O projeto Squale nasceu do esforço industrial para controlar a qualidade do software. Os seus objectivos são aperfeiçoar e melhorar o modelo Qualixo, um modelo de qualidade baseado em métricas de software já utilizado por algumas empresas em França, e apoiar a estimativa do retorno do investimento produzido pela qualidade do software. O modelo Qualixo é um modelo de qualidade de software baseado na agregação de métricas de software em indicadores de nível superior denominados práticas, critérios e factores. Os principais objectivos do Squale são: avaliar e melhorar a abordagem de qualidade de software existente; avaliar e melhorar o atual modelo de qualidade métrica de software, incluindo as práticas e métricas actuais; definir painéis de controlo relacionados com a qualidade de software; permitir a avaliação da evolução da qualidade de software; fornecer indicadores económicos para avaliar o valor acrescentado (ROI) das medições de qualidade de software; e disseminar o conhecimento adquirido através de uma plataforma de código aberto que suporta o modelo e uma comunidade de utilizadores. O projeto SQUALE visa a construção de uma base de dados centralizada e anónima onde serão armazenados os resultados das auditorias.

Outras ferramentas recentes que ganharam atenção na comunidade de software são Goanna (Vogelsang, Fehnker, Huuck, & Reif, 2010), uma métrica definível pelo utilizador, uma implementação e integração na análise estática existente, a cadeia de ferramentas QUAMOCO (Deissenboeck, Heinemann, Herrmannsdoerfer, Lochmann, & Wagner, 2011) que integra ferramentas de análise de código com modelos de qualidade. O MASU (Higo et al., 2011) unifica linguagens independentes e analisa as suas representações intermédias com uma funcionalidade de extensibilidade acoplável. A estrutura SSQSA (Gordana, 2015) também se concentra na independência da linguagem para implementações de métricas com ferramentas semelhantes, como o SQUALE. Existem muitas outras ferramentas comerciais, gratuitas e de código aberto com a motivação de estimar e analisar a qualidade do software. Uma listagem abrangente das ferramentas examinadas nesta pesquisa está disponível na tabela de meta-análise no Apêndice C.

Este inquérito mostra como as ferramentas de métricas de software são essenciais na investigação e como muitos trabalhos são uma necessidade específica de um produto e dentro de um limite de um determinado ambiente de desenvolvimento que pode não ser outro.

Este inquérito mostra como as ferramentas de métricas de software são essenciais na investigação e como muitos trabalhos são uma necessidade específica de um produto e dentro de um limite de um determinado ambiente de desenvolvimento que pode não ser outro.

A partir destas listagens, muitas podem ser identificadas como de fonte aberta e outras como comerciais, embora algumas tenham começado no ambiente de investigação antes de serem comercializadas. Outras ferramentas de código aberto dignas de menção que não têm raízes em nenhum trabalho publicado são srcML, SDMetrics, Xogastan, GCC, coqua, JDepend, splmetrics, devAdvantage, devCodeMetrics, metricsAnalyzer, metrixplusplus, LOCMetrics, source monitor, CCCC, codeAnalyzer, Metrics eclipse plugin, CKJM, etc.

2.1.3 Trabalhos relacionados com a unificação das métricas de software

Os estudos sobre ferramentas de métricas de software que comparam as ferramentas de métricas existentes com base nas funcionalidades e nas métricas que medem foram estabelecidos pela primeira vez na experimentação com algumas ferramentas de métricas comerciais e gratuitas por Lincke et'al, (2008). A investigação mostrou que as ferramentas métricas de software existentes interpretam e implementam as definições de métricas de software orientadas para objectos de forma diferente. O foco foi direcionado para a avaliação baseada em métricas de sistemas de software com o objetivo de melhorar a conceção, o que mostrou um resultado visivelmente diferente de ferramenta para ferramenta. O trabalho demonstrou resultados diferentes nos dados gerados nas diferentes ferramentas experimentadas. Os autores referiram o subconjunto do número de métricas que as ferramentas calcularam e compararam os resultados. Não se centraram na capacidade de implementação das ferramentas no que diz respeito à adequação, facilidade de utilização e compatibilidade com e entre diferentes plataformas. Daí a consequente lacuna na capacidade de implementação holística das ferramentas em diferentes sistemas.

Outro trabalho foi o de Novak & Rakic (2010) com muita semelhança com o de Lincke et al. mas com foco em ferramentas de métricas para o ambiente .NET. O trabalho ainda apresentou a análise estatística de diferença de saída utilizando o Teste T. No entanto, como a análise é restrita à plataforma .NET, as características dependentes da plataforma para ambientes de execução diferentes podem não se aplicar ao .NET. Por conseguinte, não é possível apresentar a realidade dos dados analisados para uma plataforma diferente. Além disso, o trabalho não abrange também um estudo sobre os pormenores de implementação.

Jain et al em (Jain, et al., 2014) tentaram uma comparação teórica de algumas ferramentas com o objetivo de integrar as funcionalidades de programas codificados em Java e executáveis em linha de comando. Tal como em (Novak & Rakic, 2010), o estudo está limitado a ferramentas programadas em Java. Da mesma forma, o ambiente de execução da ferramenta não foi o foco como em (Lincke, et al., 2008) e (Novak & Rakic, 2010).

Além disso, os três trabalhos seleccionaram um número limitado de métricas que não retratam a totalidade das capacidades das ferramentas avaliadas. Por exemplo, enquanto a CCCC avalia até oito (8) métricas, (Lincke, et al., 2008) registou quatro (4). Do mesmo modo, (Novak & Rakic, 2010) registou seis (6) métricas do NDepend, quando este é capaz de medir até 82 métricas. Embora pormenorizado, o estudo não captou todo o poder das ferramentas. Para compreender a singularidade, as diferenças e as semelhanças das ferramentas de métricas de software, este trabalho considera um estudo holístico para poder responder a estas questões abstractas. Assim, um trabalho que complementa o trabalho existente com especial enfoque nos detalhes de execução e nas características do sistema para, em conjunto, apresentar uma projeção holística das diferenças e/ou homogeneidade entre as capacidades destas ferramentas e as suas descrições de implementação. Todos estes trabalhos se centram nas funcionalidades das ferramentas. No entanto, este trabalho centra-se nos pormenores de execução das ferramentas; plataformas de execução, requisitos de execução e restrições, consequências e aplicações centradas no sistema.

2.1.4 Revisão tecnológica

A ferramenta selecionada para a reengenharia é o JavaLOC. Outras ferramentas utilizadas durante o desenvolvimento do MECOT são:

i. JD GUI 1.4 - Um descompilador Java que converte bytecodes java em código fonte

ii. Eclipse Neon 3 - Um ambiente de desenvolvimento integrado (IDE) para desenvolver aplicações

iii. jdk1.8.0_131 - Kit de Desenvolvimento Java

Foram utilizadas dez (10) ferramentas para uma análise preliminar: CCCC, codeAnalyzer, Source Monitor, JDepend, LOCMetrics, NDepend, Dependency finder e CKJM. Para além das ferramentas acima referidas, foram utilizadas outras ferramentas para efeitos de comparação, nomeadamente o plugin Eclipse Checkstyle e o plugin Eclipse metrics. Estas ferramentas são descritas de forma sucinta:

CCCC : CCCC é uma ferramenta que analisa ficheiros C++ e Java e gera um relatório sobre várias métricas do código. As métricas suportadas incluem as linhas de código, a complexidade de McCabe e as métricas propostas por Chidamber & Kemerer e Henry & Kafura.

CodeAnalyzer : O Code Analyzer é uma aplicação java para métricas de fontes de software em C, C++, java, assembly, html e definidas pelo utilizador. Calcula métricas em várias árvores de origem como um projeto. Tem uma bela vista em árvore do projeto com capacidades de relatório flexíveis.

SourceMonitor : É um programa freeware que lhe permite ver o interior do código fonte do seu software para encontrar o tamanho do código e identificar a complexidade relativa dos seus módulos. O SourceMonitor, escrito em C++, percorre o seu código a alta velocidade, tipicamente mais de 10.000 linhas de código por segundo

JDepend : O JDepend percorre os directórios de ficheiros de classes Java e gera métricas de qualidade de conceção para cada pacote Java. O JDepend permite-lhe medir automaticamente a qualidade de uma conceção em termos da sua extensibilidade, reutilização e manutenção para gerir eficazmente as dependências de pacotes.

LOCMetrics : O LocMetrics conta o total de linhas de código (LOC), linhas de código em branco (BLOC), linhas de código de comentário (CLOC), linhas com código e comentários (C&SLOC), linhas de código-fonte lógicas (SLOC-L), complexidade McCabe VG (MVG) e número de palavras de comentário (CWORDS).

NDepend : É uma ferramenta de métricas que pode ser ligada a outras ferramentas para equipas de projectos .NET. Dispõe de uma vasta gama de funcionalidades que permitem conhecer as bases de código e capacitar os programadores e arquitectos para tomarem decisões inteligentes sobre os projectos.

Localizador de dependências: O Localizador de Dependências é um conjunto de ferramentas para analisar código Java compilado. O núcleo é uma aplicação de análise de dependências que extrai gráficos de dependências e os explora em busca de informações úteis. Ele vem em várias formas para facilitar o uso, incluindo ferramentas de linha de comando, um aplicativo baseado em Swing, um aplicativo da Web pronto para ser implantado em um servidor de aplicativos e um conjunto de tarefas Ant.

CKJM : O CKJM calcula as métricas orientadas para objectos de Chidamber e Kemerer processando o bytecode de ficheiros Java compilados. (Spinellis, 2005) O programa calcula, para cada classe, as seis métricas seguintes propostas por Chidamber e Kemerer.

Eclipse Checkstyle Plugin : O Eclipse Checkstyle Plugin (também conhecido como eclipse-cs) integra o analisador de código-fonte estático Checkstyle no IDE Eclipse. É uma ferramenta de desenvolvimento de código aberto que ajuda a garantir que seu código Java siga um conjunto de padrões de codificação. Ele faz isso inspecionando seu código-fonte Java e apontando itens que se desviam de um conjunto definido de regras de codificação.

Eclipse Metrics Plugin : O plugin do Eclipse calcula várias métricas para o seu código durante os ciclos de construção e avisa-o, através da vista Problemas, das "violações de intervalo" para cada métrica. As métricas podem ser exportadas para HTML para exibição pública ou para o formato CSV ou XML para análise posterior. Esta exportação pode ser efectuada a partir do Eclipse ou utilizando uma tarefa Ant.

4.10 Sistema proposto

No final, esta investigação produziu uma ferramenta métrica de software funcional baseada na Web

- MECOT. MECOT, portanto, é capaz de:

1. Testar três variantes da métrica LOC
2. Executar num navegador Web
3. Aceitar a componente de uma ferramenta métrica de qualidade existente com um mínimo de codificação de interface

4.11 Justificação e significado

Determinar a qualidade do software a partir dos atributos do código-fonte correspondente é um mecanismo importante de garantia e controlo da qualidade, daí a necessidade de uma ferramenta abrangente que possa automatizar o processo manual equivalente.

As omissões na automatização da análise estática de código de métricas de software relevantes para a melhoria das ferramentas existentes através de uma ferramenta integrada de recolha de métricas de software são a base para a proposição desta ferramenta-MECOT (MEtrics COllection Tool). Nesta tentativa de aplicar sistematicamente a utilização da análise empírica quantitativa na análise da qualidade do software, uma ferramenta adequada para o cálculo de métricas constitui um passo importante para o sucesso dos projectos de software a nível universal.

A análise preliminar e a investigação do estado da arte neste domínio mostram que não existe uma aceitação mais ampla na monitorização da qualidade dos produtos na vida real (Gordana, 2015). O principal problema na aplicação mais alargada das métricas de software, tal como afirmado pelo investigador, reside nas limitações e na inadequação das ferramentas envolvidas. As diferentes ferramentas dão frequentemente resultados inconsistentes para o mesmo algoritmo de métrica e suportam apenas algumas selecções de métricas aplicáveis. Isto deve-se ao facto de a regra para o cálculo das métricas poder ser interpretada de forma diferente com ferramentas diferentes (Scotto, et al., 2004).

Esta investigação tenta, através do MECOT, ter uma ferramenta de entidade para a qual todos os componentes funcionais independentes podem ser recolhidos com muito mais apoio para trazer métricas de software em aplicação com base em valores empíricos para a avaliação da qualidade no desenvolvimento de software. Isto é justificadamente possível através do apoio da comunidade de código aberto, que pode construir a confiança dos gestores de qualidade de software para incorporar funcionalmente avaliações de qualidade em valores empíricos métricos com base numa norma estabelecida e consistente da indústria e/ou baseada na investigação.

Além disso, se estas muitas ferramentas métricas tiverem de ser executadas num único sistema informático, o peso dos recursos que as ferramentas exigirão pode reduzir fortemente o desempenho do sistema. Por conseguinte, uma ferramenta independente da plataforma, que funcione, por exemplo, num programa de navegação Web, encorajará e aumentará a aceitação e, de facto, a análise estática do código através de provas empíricas.

CAPÍTULO 3: Metodologia

3.1 Fases

As diferentes fases deste trabalho utilizaram diferentes métodos de implementação.

3.1.1 Fase preliminar

Deve ser feita uma revisão sistemática dos trabalhos anteriores sobre ferramentas de métricas de software, com o objetivo de identificar as capacidades, a adaptabilidade a múltiplas plataformas, a aplicabilidade da ferramenta a um ambiente real de resolução de problemas e as suas limitações.

Processo de revisão

Será efectuado um estudo sistemático dos componentes que satisfazem critérios pré-definidos.

Para a pesquisa de ferramentas métricas freeware e OSS, foram utilizadas as expressões "ferramenta métrica" e "ferramenta de garantia de qualidade". No entanto, as selecções foram arbitrárias, mas centraram-se no freeware executável do Source Forge para o estudo de implementação. A pesquisa, depois de aplicar os critérios de inclusão (I1, I2 e I3) e os critérios de exclusão (X1, X2 e X3) ao conjunto de resultados, produziu dezoito artigos. (ver Tabela 1)

Quadro 3.1: Critérios de inclusão e exclusão de estudos de revisão e de ferramentas

Inclusão

I1Papers , relatórios técnicos e industriais e teses

I2Menções relevantes com referência em I1

I3Software executável de escolha arbitrária da Source Forge

Exclusão

X1Múltiplas aparições de trabalhos iguais/semelhantes com o mesmo objetivo

X2Materials não disponíveis em inglês

X3Papers cujo conteúdo não se enquadre no objetivo das ferramentas de métricas de software

Processo de análise

Os pormenores de implementação dessas ferramentas são extraídos para as ferramentas verificadas. As extracções baseiam-se nas características da ferramenta durante a execução. As características das ferramentas são identificadas pela identificação em série C1, C2, ..., Cn para n características facturadas (ver quadro 3.2).

Quadro 3.2: Definições das características das ferramentas

	Característica	Descrição
C1	Língua de entrada	Código fonte que recebe como entrada
C2	N.º de métricas suportadas	Que métricas são suportadas pela ferramenta?
C3	Linguagem de programação de ferramentas	Em que linguagem de programação foi concebida a ferramenta?
C4	Interface do utilizador	Interface para interagir com o utilizador e o sistema
C5	Sistema operativo (SO)	O sistema operativo em que é executado
C6	Compatibilidade com o SO	Compatibilidade da ferramenta com diferentes versões do sistema operativo
C7	Implantação	Como a ferramenta é implantada no sistema do utilizador
C8	Memória	Necessidade de memória da ferramenta
C9	Requisito de VM	É necessária uma máquina virtual para a execução
C10	Fios	A execução da ferramenta produz threads
C11	Licenciamento	Com que tipo de licença é fornecida a ferramenta?
C12	Requisitos de instalação	É necessária a instalação
C13	Requisitos de configuração adicionais	Na implantação, é necessária alguma configuração adicional
C14	Efeitos da ferramenta noutras ferramentas	A implantação de uma ferramenta afecta o trabalho de outra?
C15	Interferência com outros plugins	Uma ferramenta interfere com a execução de um plug-in?
C16	Associações de ficheiros	Que outros ficheiros podem identificar e aplicar os ficheiros da ferramenta?
C17	Extensões de ficheiros	Que formatos de intercâmbio de ficheiros produz a ferramenta?

Para verificar o efeito da configuração e execução de uma ferramenta sobre outra, estruturámos uma tabela como a da Tabela 3 para determinar que com as ferramentas T1, T2,..., Tn para n ferramentas.

A fase preliminar está concluída. O seu objetivo era reforçar e estabelecer a validade do problema identificado no capítulo 1.

3.1.2 Fase de análise e conceção

Nesta fase, será analisada a abordagem de conceção utilizada com base em duas definições.

i. Conceção de desenvolvimento de fonte aberta (OSD)

ii. Abordagem de conceção de software baseada em componentes (CSD)

Estas duas abordagens constituirão o quadro de implementação da fase seguinte e são demonstradas num fluxograma de trabalho, tal como descrito na Figura 3.1. As etapas (secção 3.1.1 e secção 3.1.2) descritas acima estão resumidas no fluxograma de execução abaixo.

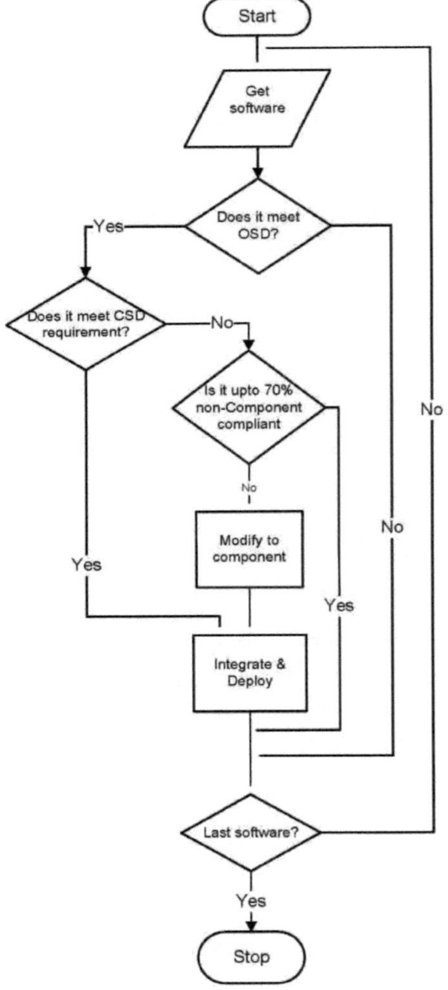

Figure 3.1: MECOT Project flow chart

3.1.3 Fase de implementação

Do software inquirido, serão recolhidos os que satisfazem os critérios do inquérito acima referido para integração com um mínimo de alterações. O modelo de processo de reengenharia de software é adaptado à conceção. Esta ideia é apresentada na figura 3.1.4.

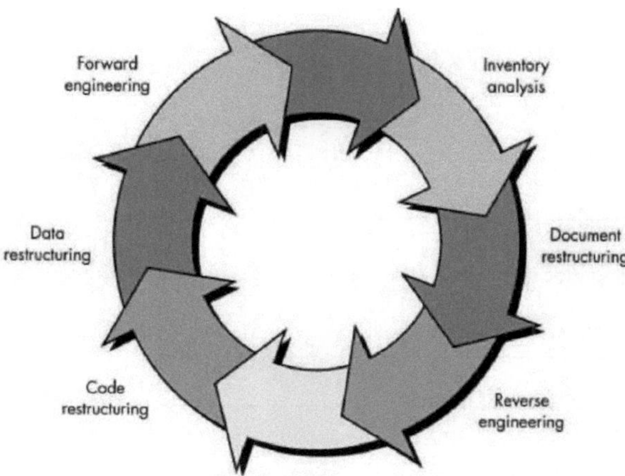

Figura 3.2: Modelo de processo de reengenharia de software

A conceção do MECOT seguiu o caminho da arquitetura da figura 3.2. A vista da miniaplicativo utiliza componentes baseados em classes que fazem a interface com a miniaplicativo que implementa a arquitetura da Figura 3.3.

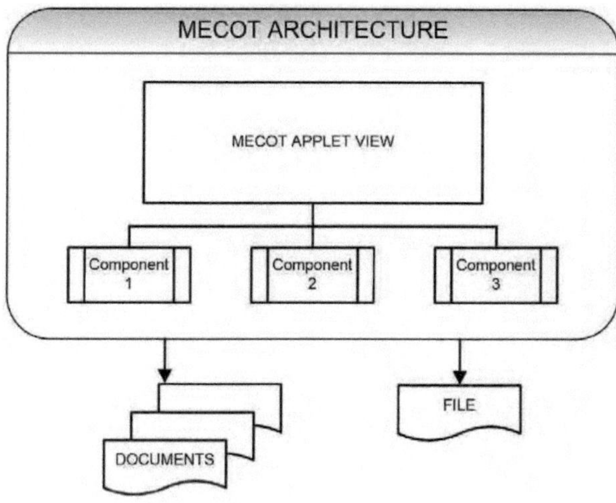

Figura 3.3: Arquitetura do MECOT

3.2 Prazos

Quadro 3.3: Calendário do projeto

Atividade	Calendário (meses)
Análise	4 (2, maio-2, agosto de 2016)

Conceção	2 (2, setembro, 2016)
Modificação/Implementação	2 (2, outubro), 2016)
Integração e implementação	2 (2, dezembro, 2016)
Ensaios	1 (2, janeiro, 2017)
Relatórios de projectos	2 (2, março, 2017)

3.3 Custo

O custo é estimado com base em 5 métricas de linha de código (LOC).

Quadro 3.4: Estimativa do custo do projeto

Atividade	**Custo**
Análise e conceção	N 25,000
Conceção/Modificação	N 75,000
Integração e implementação	N 75,000
Ensaios	N 25,000
Total	**N200,000**

CAPÍTULO 4: Teste e resultados

4.1 Resultado

Os resultados preliminares deste trabalho produziram os resultados apresentados no quadro seguinte.

4.1.1 Preliminares

O resultado deste estudo caraterístico encontra-se na (secção 4.1) e é discutido na secção 0.

O resultado deste estudo está resumido na Tabela 4.1.

Tabela 4.1: Resultado do estudo de ferramentas de métricas de software

		CCCC	CodeAnalyser	Source monitor	JDepend	LOCMetrics	NDepend	Dependency finder	CKJM
Characteristics	C1	C, C++, Java (3)	C++, c, java, assembly language, html, (4)	C++, C, C#, VB.NET, Java, Delphi, Visual Basic (VB6) or HTML (8)	Java	C#,C++,Java, SQL(4)	VB, C# (2)	Java (1)	Java(1)
	C2	8	11	2	7	12	82	>33	8
	C3	C	Java	C++	Java	-	C#	Java	Java
	C4	CLI	GUI	GUI	GUI, TUI, CLI	GUI	GUI	GUI	CLI
	C5	Windows/ Ubuntu	Windows	Windows	Unix/Windows	Windows	Windows	Windows/ unix/web	Unix/ Windows
	C6	Yes	yes	Yes	Yes	Yes	Yes	Yes	Yes
	C7	Installation	Launch (No installation)	Installation	Installation	Launch (No installation	Plugin	Installation	Plugin
	C8	No	Yes	No	Yes	No	Yes	Yes	Yes
	C9	OSS	Freeware	Freeware	OSS	Freeware	Proprietary (Trial)	OSS	OSS
	C10	Yes	No	Yes	Yes	No	Yes	Yes	Yes
	C11	No	Yes(setting up source tree)	Yes	Yes	No	No	Yes	Yes
	C12	No	No	No	No	No	No	No	No
	C13	No	No	No	No	No	No	No	No

C14	Eclipse, notepad, Open office, excel, web browser	Open office, excel, web browser	Open office, excel notepad, Open office, excel, web browser	Junit, graphviz	Web browser,open office, excel, image viewers	Visual Studio, notepad, Open office, excel, web browser	JarJarDiff, notepad, Open office, excel, web browser	Eclipse notepad, Open office, excel, web browser
C15	.xml, .cc	.html, .txt, .csv	.smp,.smproj, .xml, .csv	.xml, .dot	.cpp, .cc, .h, .inl, .cs, .java, .html, .jpg	.xml	.xml	.xml, .xslt

Discussão

A partir da análise da execução destas ferramentas, os resultados obtidos são discutidos na secção **Error! Reference source not found.** com foco na identificação das diferenças e semelhanças nas suas características e alguns detalhes de execução, enquanto uma avaliação resumida é apresentada na tabela 4.2.

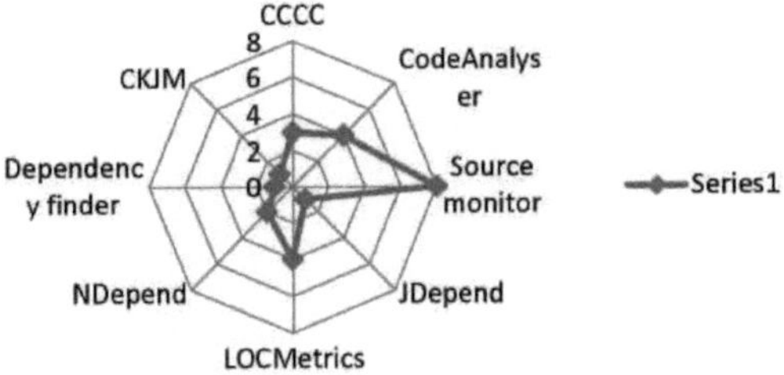

Figura 4.1: Gráfico de radar de C1

4.1.1.1 *C1 - Linguagem de entrada*: As ferramentas em estudo mostraram diferentes linguagens de entrada que são capazes de computar. O SourceMonitor distingue-se por avaliar o maior número (8) de linguagens de entrada. Do estudo, três (JDepend, Dependency finder e CKJM) das ferramentas avaliam apenas uma única linguagem de entrada (Java). O CodeAnalyzer e o LOCMetrics são capazes de avaliar 4 linguagens de entrada cada, enquanto o CCCC e o NDepend são capazes de aceitar 3 e 2 linguagens de entrada, respetivamente. As 8 ferramentas combinadas aceitam 9 linguagens de entrada (ver Quadro 4.1). Apenas o NDepend é incapaz de avaliar códigosfonte Java.

Tanto a Figura como a Figura 4 mostram o número de linguagens de entrada de código-fonte que cada ferramenta é capaz de analisar.

4.1.1.2 *C2 - Número de métricas suportadas*: Todas estas ferramentas combinadas são capazes de analisar mais de 100 métricas de qualidade de software, sendo que o NDepend sozinho avalia 82 métricas diferentes. Um contraste acentuado no número de métricas é o Source Monitor (2 métricas). Outras ferramentas têm capacidades variáveis no que respeita ao número de métricas que são capazes de avaliar; LOCMetrics (12), CodeAnalyzer (11), CCCC e CKJM podem avaliar um total de 8 ferramentas de forma diferente e JDepend, 7.

4.1.1.3 *C3 - Linguagem de programação das ferramentas*: a maioria (4) das ferramentas foi concebida com Java. Cada uma foi concebida com C#, C e C++; o CCCC foi concebido com a linguagem de programação C, enquanto o SourceMonitor e o NDepend foram programados com C++ e C#, respetivamente. As outras ferramentas utilizam Java como linguagem de programação.

4.1.1.4 *C4 - Interface do utilizador*: as ferramentas foram concebidas para serem implementadas com uma de quatro interfaces do utilizador. Nenhuma das ferramentas tem uma combinação de todas as interfaces de utilizador, no entanto, uma determinada ferramenta foi concebida separadamente para ser implementada com as diferentes interfaces de utilizador. Um exemplo é o JDepend, que tem diferentes versões, cada uma com uma interface gráfica de utilizador SWING (GUI), uma interface textual de utilizador (TUI) e uma interface Web. Outros implementam uma interface de linha de comando (CLI) ou uma GUI. Apenas o CCCC e o CKJM implementam o CLI, enquanto os outros são GUI.

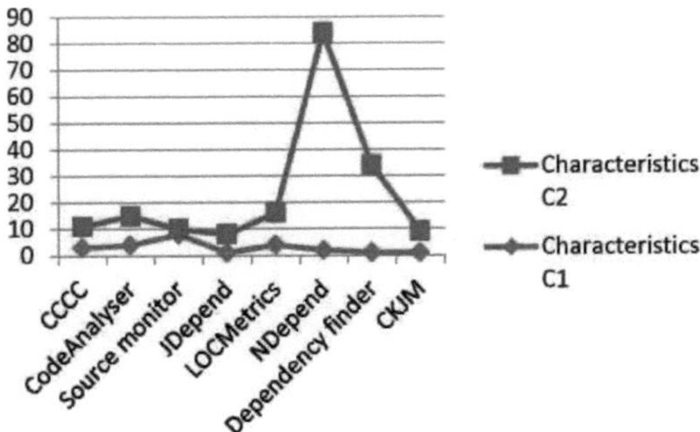

Figura 4.2: Gráfico de linhas de C1 e C2

4.1.1.5 *C5 e C6 - Compatibilidade com o sistema operativo (SO) e a versão do SO*: As ferramentas funcionam em sistemas operativos e plataformas especiais. Todas as ferramentas têm uma versão concebida para Windows. Três (3) das 8 ferramentas funcionam em UNIX, enquanto um sistema operativo tem uma versão para Ubuntu e para a Web. Não existe uma ferramenta predefinida para todos os sistemas operativos, à exceção do Localizador de Dependências, que tem uma versão Web. Uma implementação Web pode ser uma forma inclusiva de resolver a incompatibilidade entre sistemas operativos. Uma solução mais abstrata, no entanto, é um executável mutável que pode alterar a sua meta-estrutura relativamente às definições do SO, aos equivalentes de ferramentas para diferentes plataformas e requisitos.

As ferramentas funcionam bem em diferentes versões dos sistemas operativos. Por exemplo, o LOCMetrics funciona bem nas versões do Windows XP, Vista, 7, 8, etc.

4.1.1.6 *C7-Deployment*: as ferramentas são implantadas no sistema do utilizador por instalação (assistente de instalação), construídas em IDEs anfitriões (para plugins) e algumas são lançadas quando necessário sem instalação. CCCC, SourceMonitor, JDepend e Localizador de dependências, implantados por instalação. O NDepend e o CKJM são implementados como plugins no Visual Studio e no Eclipse, respetivamente, enquanto o CodeAnalyzer e o LOCMetrics são iniciados sem necessidade de instalação.

4.1.1.7 *C8 - Requisito de máquina virtual*: Quatro das ferramentas requerem uma máquina virtual no sistema do utilizador para serem executadas. Estas ferramentas são as que implementam o ambiente

.NET e o Java Runtime Environment (JRE) para instalação. A ferramenta que requer o ambiente .NET é o NDepend, enquanto que para o JRE são o CodeAnalyzer, o JDepend e o CKJM. As ferramentas que podem ser executadas independentemente das máquinas virtuais são CCCC, SourceMonitor, LOCMetrics e Dependency finder.

4.1.1.8 *C9 - Licenciamento*: quatro das ferramentas registadas estão licenciadas ao abrigo do código-fonte aberto GNU. Estas ferramentas são CCCC, JDepend, Dependency finder e CKJM. O Ndepend é um software comercial experimental. Outras ferramentas são freeware: CodeAnalyzer, SourceMonitor e LOCMetrics.

4.1.1.9 *C10 e C11 - Requisitos de instalação e requisitos de configuração adicionais*: o codeAnalyzer e o LOCMetrics não são instalados, são lançados para utilização. As outras ferramentas (SourceMonitor, JDepend, NDepend e Dependency finder) são instaladas, exceto o CKJM e o CCCC, que requerem alguma configuração no sistema do utilizador. Ferramentas como o CodeAnalyzer, o SourceMonitor, o JDepend, o Dependency finder e o CKJM requerem alguma forma de configuração, desde a definição do diretório de ficheiros ou a padronização de alguns dos ficheiros do programa de uma forma especial, antes de poderem funcionar para gerar o resultado esperado.

4.1.1.10 *C12 & C13 - Efeitos de uma ferramenta métrica noutras ferramentas métricas e interferências*

com outros plugins: Foi observado que sempre que o Eclipse Checkstyle Plugin está a ser executado juntamente com o Eclipse Metrics Plugin ou vice-versa, o Eclipse suspende a execução. Nenhuma outra ferramenta interfere no funcionamento dos plugins.

4.1.1.11 *C14 & C15 - Associações de ficheiros e extensões de ficheiros*: Algumas ferramentas geram

resultados parciais ou tipos de ficheiros que são específicos da ferramenta: .cc para CCCC, .smp e .smproj para SourceMonitor, .dot para JDepend, etc. A outra categoria projecta extensões comuns como .csv, .html, .jpg, .xml, etc. (ver figura 5). A facilidade de utilização da ferramenta depende, em parte, das ferramentas externas que com ela se podem relacionar. Quando o resultado é requerido por um utilizador não técnico de uma ferramenta que gerou o resultado, a importação para ferramentas familiares pode ser uma restrição. Assim, extensões comuns como .csv, .txt, .html, .jpg, etc. são conhecidas por se relacionarem com outras ferramentas comuns como Open Office, Microsoft Excel, navegadores Web, visualizadores de imagens, etc. Neste caso, todas as ferramentas foram identificadas para exportar nestes formatos e extensões de ficheiros conhecidos.

Avaliações

As características sublinhadas, tal como caracterizadas por qualquer outro sistema de software, sujeitam o software a onde e como o software pode funcionar eficientemente. A relação entre as revisões das características deste estudo e as questões a serem avaliadas é um preâmbulo para as respostas. Os efeitos de uma ferramenta noutras ferramentas e a interferência com outros plug-ins encontrados são uma pista para responder à Q1. Da mesma forma, associações de arquivos e extensões de arquivos características, é a Q2. Diferente da resposta de Q1 e Q2, Q3 é avaliada a partir das deduções de algumas outras características com Q1 e Q2. As perguntas abaixo e a tabela 5 resumem nossas descobertas:

Q1: Quais são os efeitos da configuração e/ou execução de uma ferramenta sobre a de outra?

Q1 vs. C12 e C13: observou-se que as ferramentas autónomas não afectam a execução de outras ferramentas. No entanto, a execução de alguns plugins afecta outros plugins, sendo também possível que a configuração de um ficheiro possa afetar outra. Com o aumento da extensão dos IDE por plugins, a tendência de plugins contraditórios aumentará na execução colectiva destas ferramentas.

Q2: Quais são as extensões dos formatos de ficheiros de saída e as associações com o ambiente real e/ou ferramentas? As suas associações de ficheiros são flexíveis e facilmente acessíveis?

Q2 vs. C14 & C15: Sim, as ferramentas estudadas têm formatos de ficheiro de saída familiares. Ferramentas como o Open Office, o Microsoft Excel, os navegadores Web (Mozilla, Chrome, Internet Explorer, etc.) e os visualizadores de imagens (Picasa Photo Viewer, Windows Photo Viewer, Microsoft Office Picture Manager). A figura mostra claramente como o formato de ficheiro .xml ocupa a maior parte do espaço, associado a ferramentas métricas. O .XML é um formato relativamente técnico, o que implica que os resultados são maioritariamente utilizados por especialistas na utilização desta ferramenta. A seguir ao .xml estão os formatos .html, .csv e .cc. Destes três, o .cc só é acessível no Eclipse, ao passo que o .html e o .csv são acessíveis através de navegadores Web e do Excel/open office, bloco de notas, etc., respetivamente. Outras ferramentas são igualmente flexíveis, como .txt, .jpg, que estão familiarizadas com as suas ferramentas associadas.

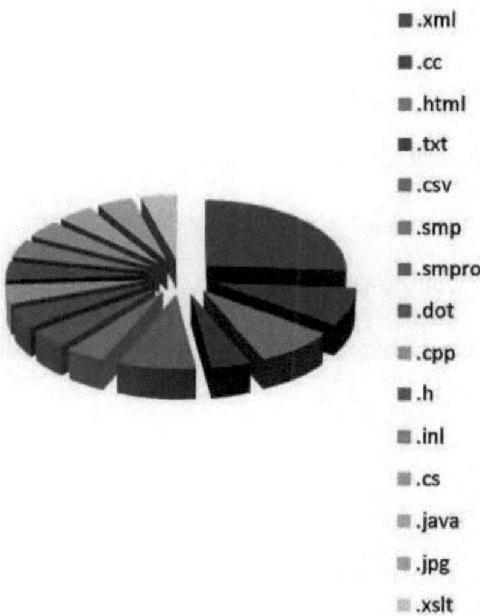

Figura 4.3: Gráfico de Pizza mostrando a % de ferramentas por formato de saída

Q3: Qual é a possibilidade de executar com êxito uma combinação necessária destas ferramentas num sistema e com que objetivo?

Q3 vs. C5,C7,C8,C9,C10,C11,Q1&Q2: em primeiro lugar, não existe uma ferramenta executável única que possa ser executada em todos os sistemas operativos. Em segundo lugar, os métodos de implantação são diferentes. Alguns são implantados no sistema ou numa ferramenta integrada, como o Eclipse e o Visual Studio. O plugin Eclipse Checkstyle e o Eclipse Metrics Plugin são implantados no Eclipse, como pré-requisito para a sua instalação. Da mesma forma, o NDepend instala-se apenas no Visual Studio. Os requisitos de VM também limitam a ferramenta a funcionar num ambiente limitado. As licenças também são diferentes entre as diferentes ferramentas. Enquanto um OSS permite a modificação do código-fonte, o freeware e as ferramentas comerciais restringem a modificação pelo utilizador. Algumas ferramentas exigem a configuração do sistema do utilizador de forma a adequar-se a uma determinada ferramenta. Uma vez que a execução de alguns plugins afecta outros plugins, é também possível que a configuração de um ficheiro possa afetar outro. É evidente que as plataformas de recolha de resultados apresentam praticamente os mesmos formatos. Então, para que é que estes factos interessam a este estudo?

Em primeiro lugar, a necessidade de recursos do sistema de ferramentas para o sistema do utilizador terá de ser redefinida ou actualizada para satisfazer os requisitos das ferramentas. Em segundo lugar, a construção de uma ferramenta métrica abrangente pode não ser possível, uma vez que algumas licenças restringem a modificação destas ferramentas. Dado que as métricas de software estão a aumentar, deve visar-se uma ferramenta futurista com elevada extensibilidade e não uma ferramenta "fixa".

A Tabela 4. é resumida com base no padrão comum do resultado. A tabela mostra que o rácio entre o padrão uniforme e o padrão não uniforme é de 3:2.

Quadro 4.2: Resumo do padrão de resultados

	Característica	Existe um padrão uniforme de resultados?
C1	Língua de entrada	Não
C2	N.º de métricas suportadas	Não
C3	Linguagem de programação de ferramentas	Não
C4	Interface do utilizador	Sim
C5	Sistema operativo (SO)	Sim
C6	Compatibilidade com o SO	Sim
C7	Implantação	Não

C8	Requisito de VM	Sim
C9	Licenciamento	Não
C10	Requisitos de instalação	Sim
C11	Requisitos de configuração adicionais	Não
C12	Efeitos de uma ferramenta noutras ferramentas	Sim
C13	Interferência com outros plugins	Sim
C14	Associações de ficheiros	Sim
C15	Extensões de ficheiros	Sim

4.1.2 Análise

ANOVA: Para a análise de variância, as amostras de grupo de ferramentas são retiradas de uma população de ferramentas normalmente distribuída com uma variância comum presumida. As amostras são também seleccionadas independentemente umas das outras e as observações são recolhidas aleatoriamente.

H0: todas as ferramentas métricas medem as mesmas métricas e o mesmo conjunto de métricas.

H1: todas as ferramentas não medem as mesmas métricas.

Neste caso, considera-se que o valor alfa é de 1%, uma vez que se presume que um valor de entrada deve calcular o mesmo valor em diferentes ferramentas e que um valor ou erro superior a 1% pode alterar a aplicação da interpretação das métricas, especialmente num conjunto de resultados de grande dimensão. O resultado da análise é, portanto, apresentado em **Error! Reference source not found.**..

Tabela 4.3: Extractos de diferentes contagens de relações no Projeto L3

Project classes	Strongly -ve	Weak –ve	Strong +ve	Weak +ve	Perfect -ve	Perfect +ve	No relationships
JTcGUI_max	0	3	23	1	1	13	4
JTcGUI_min	0	4	16	2	0	15	8
JTcGUI_aver	0	2	24	2	1	12	4
Jaim_max	0	4	19	1	1	15	5
Jaim_min	4	1	13	1	0	16	10
Jaim_aver	2	1	21	2	0	14	5
Proguard_max	0	3	18	3	1	16	4
Proguard_min	0	0	2	0	0	20	23
Proguard_aver	0	4	24	0	0	12	4

Estatisticamente, a análise de variância entre os grupos nas diferentes classificações em todos os projectos (JTcUI, jaim e proguard) demonstrou que o valor p>alfa e o valor f<critério do valor f, o que confirma a hipótese H0.

CORRELAÇÃO: Aqui, todas as variáveis são relacionadas pela variável independente (código fonte de entrada). No momento desta experiência, verificou-se que não existem valores métricos anómalos que excedam o limiar dado relativamente às outras classes do sistema.

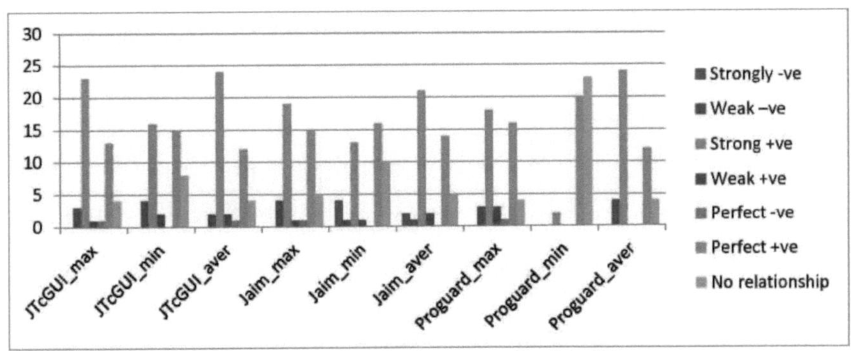

Figura 4.4: Diferenças nas contagens de relações para o Projeto L3

Erro! Reference source not found. acima está um gráfico das diferentes relações entre os projectos componentes do Projeto L^3 , conforme extraído da **Error! Reference source not found.** na **Tabela** 4.3.

Todos os projectos das diferentes classes são compostos por diferentes relações entre as ferramentas envolvidas. Para cada classe de projeto, existem pelo menos quatro tipos de relações diferentes, mas para proguard_min e proguard_aver existem três e quatro tipos de relações diferentes, respetivamente.

Esta constatação estabelece que, para as diferentes ferramentas de métricas de software adaptadas no projeto L^3 , a relação entre os valores de saída calculados pelas ferramentas varia entre uma correlação positiva forte e negativa, uma correlação negativa forte e fraca e correlações perfeitamente positivas e negativas. Além disso, não existe qualquer correlação, em certa medida, para todas as classes de projectos para as quais se tenta correlacionar os resultados.

4.1.3 Fase de projeto

O programa descompilado produziu 5 pacotes e 10 classes cujo mapeamento é mostrado em Figura 4.5.

Figura 4.5: Estrutura de classes descompiladas do JavaLOC

No final da etapa, o MECOT dispõe de uma interface funcional que mede o LOC, o LOC+C e o CLOC. As interfaces são apresentadas nas figuras 4.6-4.11.

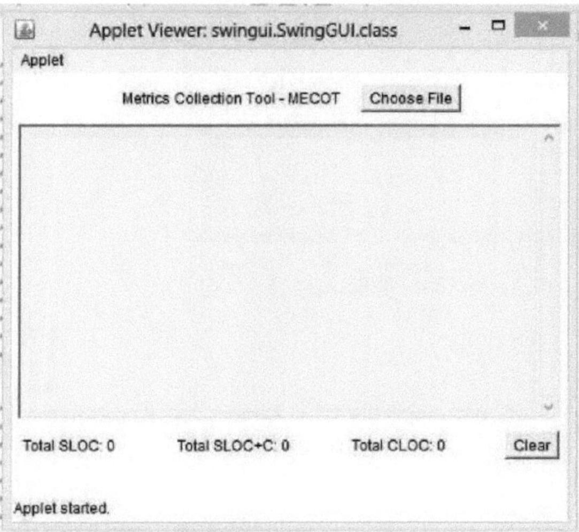

Figura 4.6: MECOT Página 1

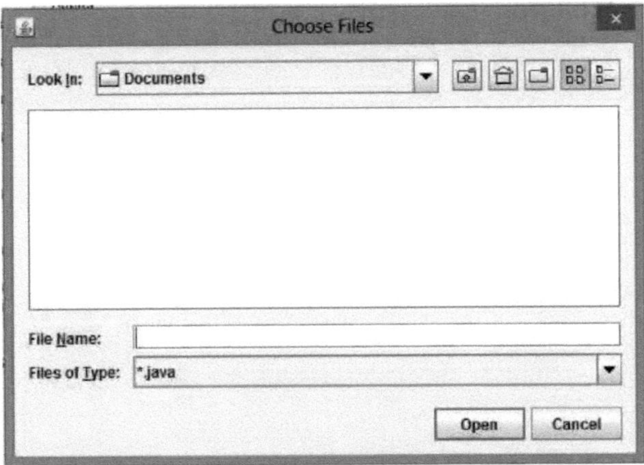

Figura 4.7: Janela 1 de pesquisa de ficheiros MECOT

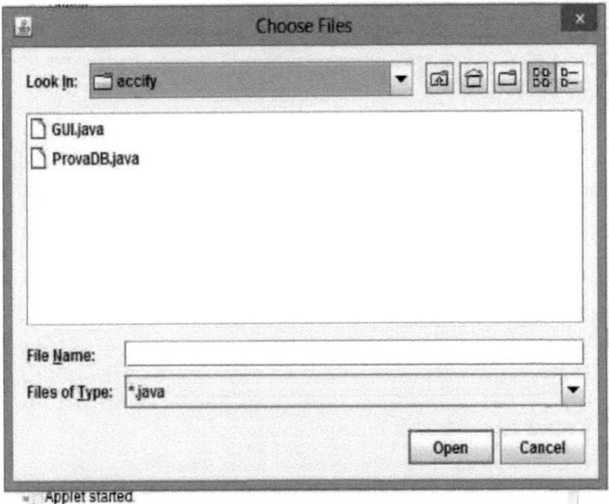

Figura 4.8: Janela 2 de pesquisa de ficheiros MECOT

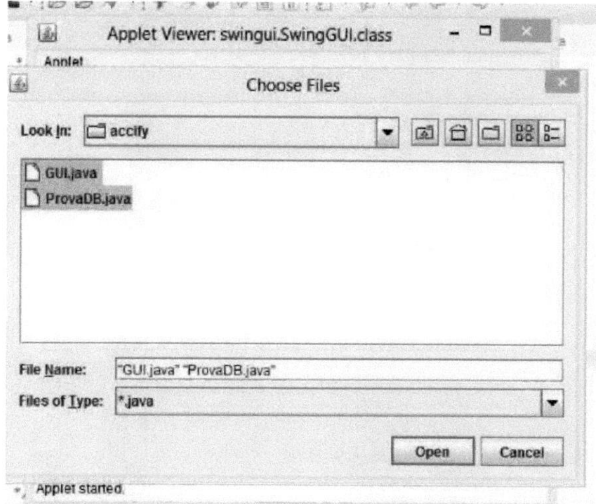

Figura 4.9: Janela de seleção de ficheiros MECOT java

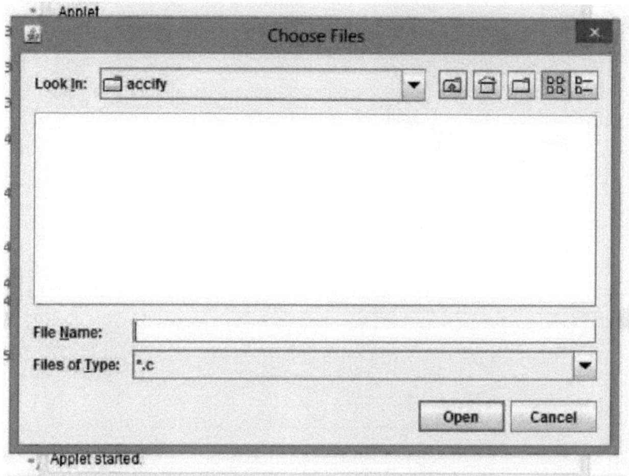

Figura 4.10: Janela de pesquisa de ficheiros MECOT C

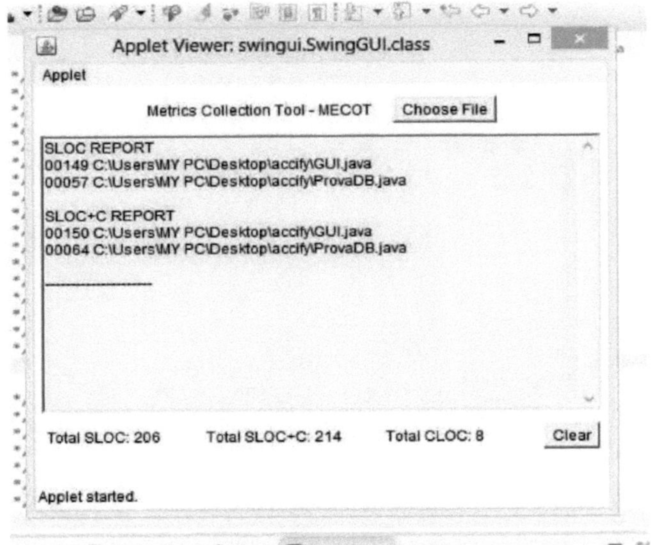

Figura 4.11: Visualização dos resultados MECOT

CAPÍTULO 5: Conclusão

Este trabalho estudou ferramentas métricas de software com foco nos requisitos de implementação para demonstrar a simetria e as variações dessas ferramentas para uma aplicação holística de métricas de software em ambientes industriais e de investigação. Foram estudadas quinze (15) características de ferramentas métricas baseadas na execução e na capacidade e obteve-se um rácio claramente distinto de 3:2 no padrão médio de resultados uniformes e não uniformes.

Este trabalho estabeleceu ainda que as ferramentas de métricas de software têm diferentes implementações que tornam o lançamento das ferramentas inconsistente com diferentes plataformas em execuções simultâneas. A investigação sobre as diferenças de execução no efeito e na facilidade de um ambiente integrado que aceita programas multifacetados foi estabelecida como um desafio na integração, recolha e análise de atributos de qualidade num sistema central.

Esta investigação tentou, através do MECOT, ter uma ferramenta de entidade para a qual todos os componentes funcionais independentes podem ser recolhidos com mais apoio para trazer métricas de software para aplicações baseadas em valores empíricos para avaliação da qualidade no desenvolvimento de software com três (3) variantes de métricas de tamanho (LOC) como métricas de arranque no MECOT. MECOT é uma ferramenta futurista com foco na extensibilidade em relação a uma ferramenta "fixa". Prevê-se que venha a contribuir para a comunidade de código aberto, o que pode aumentar a confiança dos gestores de qualidade de software para incorporar funcionalmente avaliações de qualidade em valores empíricos métricos baseados numa norma industrial consistente e estabelecida.

5.1 Recomendações e trabalhos futuros

Uma vez que a implementação do algoritmo métrico tem produzido resultados inconsistentes, a normalização da implementação deve ser definida a partir de um ponto de referência aceitável no código fonte de entrada. Com o aumento das ferramentas métricas, a tentativa de responder até que ponto esta diferença observada será preocupante para a interpretação universal do resultado das métricas de software tem recebido pouca atenção? Se o resultado das ferramentas métricas for continuamente interpretado de forma relativa, as normas correm o risco de ser indiferentes no que respeita à interpretação e à aplicação do resultado das métricas, uma vez que o mesmo nível de produção pode ser considerado aceitável e, para outro, um fracasso. Se não se prestar atenção, a proliferação não orientada de normas explodirá com o aumento do número de ferramentas métricas. Isto irá aumentar incontrolavelmente as normas e ferramentas auto-definidas.

O maior desafio enfrentado com o desenvolvimento do MECOT veio da implantação na web para a exigência de comprar um certificado de assinatura que java requer para permitir o acesso a ficheiros do navegador para o sistema local.

REFERÊNCIAS

Alghamdi, J. S., Rufai, R. A., & Khan, S. M. (2005). *OOMeter: Uma ferramenta de garantia de qualidade de software.* Trabalho apresentado no null.

Bergel, A., Denier, S., Ducasse, S., Laval, J., Bellingard, F., Vaillergues, P., . . . Mordal- Manet, K. (2009). *Squale-software quality enhancement.* Trabalho apresentado no Software Maintenance and Reengineering, 2009. CSMR'09. 13ª Conferência Europeia sobre.

Buhler, T. (2003). MooseGager, uma ferramenta de métrica de software baseada no Moose.

Chidamber, S. R., & Kemerer, C. F. (1994). A metrics suite for object oriented design. *IEEE Transactions on software engineering, 20*(6), 476-493.

Christodoulakis, D., Tsalidis, C., van Gogh, C., & Stinesen, V. (1989). *Towards an automated tool for software certification (Para uma ferramenta automatizada de certificação de software).* Documento apresentado na conferência Tools for Artificial Intelligence, 1989. Arquitecturas, Linguagens e Algoritmos, Workshop Internacional do IEEE.

Crnkovic, I., Hnich, B., Jonsson, T., & Kiziltan, Z. (2002). Specification, implementation, and deployment of components. *Communications of the ACM, 45*(10), 35-40.

Deissenboeck, F., Heinemann, L., Herrmannsdoerfer, M., Lochmann, K., & Wagner, S. (2011). *A cadeia de ferramentas quamoco para modelação e avaliação da qualidade.* Trabalho apresentado nas Actas da 33.ª conferência internacional sobre engenharia de software.

e Abreu, F. B. (1995). *O conjunto de métricas MOOD.* Comunicação apresentada no proc. ECOOP.

Farnese, R., Melo, W., & Veiga, A. d. (1999). JMetrics: Extrator de métricas Java. *Oracle Consulting Services Brasil.*

Feller, J., & Fitzgerald, B. (2000). *Uma análise da estrutura do paradigma de desenvolvimento de software de fonte aberta.* Documento apresentado nas Actas da vigésima primeira conferência internacional sobre sistemas de informação.

Fenton, N. E., & Neil, M. (2000). *Software metrics: roadmap.* Documento apresentado nas Actas da Conferência sobre o Futuro da Engenharia de Software.

Gordana, R. (2015). *Estrutura extensível e adaptável para análise estática independente da linguagem de entrada.* Tese de doutoramento, Universidade de Novi Sad, Novi Sad.

Halstead, M. H. (1977). *Elements of software science* (Vol. 7): Elsevier New York.

Herraiz, I., Izquierdo-Cortazar, D., Rivas-Hernάndez, F., Gonzalez-Barahona, J., Robles, G., Duenas-Dominguez, S., . . . Tovar, L. (2009). *Flossmetrics: Métricas de software livre/libre/open source.* Trabalho apresentado no Software Maintenance and Reengineering, 2009. CSMR'09. 13ª Conferência Europeia sobre.

Higo, Y., Saitoh, A., Yamada, G., Miyake, T., Kusumoto, S., & Inoue, K. (2011). *Uma ferramenta plugável para medir métricas de software a partir do código-fonte.* Trabalho apresentado na Software Measurement, 2011 Joint Conference of the 21st Int'l Workshop on and 6th Int'l Conference on Software Process and Product Measurement (IWSM- MENSURA).

Kaur, A., & Mann, K. S. (2010). Engenharia de software baseada em componentes. *Revista Internacional de Aplicações Informáticas, 2*(1), 105-108.

Kocaguneli, E., Tosun, A., Bener, A. B., Turhan, B., & Caglayan, B. (2009). *Prest: Uma Ferramenta Inteligente de Extração de Métricas de Software, Análise e Previsão de Defeitos.* Trabalho apresentado no SEKE.

Kokol, P., Viljem, #381, umer, Brest, J., & Mernik, M. (1995). PROMIS: um gerador de ferramentas de métricas de software. *SIGPLAN Not., 30*(5), 37-42. doi: 10.1145/201937.201943

Lewerentz, C., & Simon, F. (1998). Uma ferramenta de métricas de produto integrada num ambiente de desenvolvimento de software. *methods, 5,* 30.

Lorenz, M., & Kidd, J. (1994). *Object-oriented software metrics: a practical guide*: PrenticeHall, Inc.

Marinescu, R. (1997). A utilização de métricas de software na conceção de sistemas orientados para objectos. *Tese de mestrado, Universitatea Polytehnica din Timi soara*.

McCabe, T. J. (1976). Uma medida de complexidade. *IEEE Transactions on software Engineering*(4), 308-320.

Mordal-Manet, K., Balmas, F., Denier, S., Ducasse, S., Wertz, H., Laval, J., . . . Vaillergues, P. (2009). *O modelo squale - Um modelo de qualidade industrial baseado na prática.* Trabalho apresentado no Software Maintenance, 2009. ICSM 2009. Conferência Internacional do IEEE.

Morris, K. L. (1989). *Métricas para ambientes de desenvolvimento de software orientados para objectos.* Instituto de Tecnologia de Massachusetts.

Pfeiffer, A. (1997). SNiFF+: eine einheitliche Arbeitsumgebung ftr groβe Softwareprojekte. *OBJEKTspektrum março/abril, 97*, 30-34.

Pressman, R. S. (2005). *Software engineering: a practitioner's approach (Engenharia de software: uma abordagem prática)*: Palgrave Macmillan.

Radatz, J., Geraci, A., & Katki, F. (1990). Glossário padrão IEEE de terminologia de engenharia de software. *IEEE Std,* 610121990(121990), 3.

Schackmann, H., Jansen, M., Lischkowitz, C., & Lichter, H. (2009). *QMetric-a metric tool suite for the evaluation of software process data.* Trabalho apresentado no ICSE Companion.

Scotto, M., Sillitti, A., Succi, G., & Vernazza, T. (2004). Lidando com a coleta e análise de métricas de software: uma abordagem relacional. *Stud. Inform. Univ., 3*(3), 343-366.

Sillitti, A., Janes, A., Succi, G., & Vernazza, T. (2003). *Recolha, integração e análise de métricas de software e dados pessoais de processos de software.* Trabalho apresentado na Conferência Euromicro, 2003. Actas. 29ª edição.

Sommerville, I. (2004). Engenharia de Software. Série internacional de ciência da computação: *Addison Wesley*.

Szyperski, C. (1998). Component Software: beyond object-oriented software. *Reading, MA: ACM/Addison-Wesley*.

Vogelsang, A., Fehnker, A., Huuck, R., & Reif, W. (2010). Métricas de software na análise estática de programas *Métodos formais e engenharia de software* (pp. 485-500): Springer.

PUBLICAÇÕES

Artigo de jornal

Mshelia, Y. U., Apeh, S. T., & Olaye, E. (2016). Análise Estatística do Projeto L^{A} 3. *Journal of Data Analysis, 11*(6), 125-137. doi: 10.6338/jda.201612_11(6).0006

SAP- Framework for Building Extensible Software Metric Tools (Em revisão com WIJE, um jornal da Faculdade de Engenharia da Universidade das Índias Ocidentais)

Documento de conferência

Propondo um conjunto unificado de métricas de software (Em revisão no IEEE International Conferência sobre Computação, Redes e Informática (ICCNI 2017))

APÊNDICE A

ANOVA

jTcGUI_max

Anova: Single Factor

SUMMARY

Groups	Count	Sum	Average	Variance
analyst4j	7	258.997	36.99957	2977.703
C&K Java Metrics	6	851	141.8333	67230.17
CCCC	4	41	10.25	126.25
Dependency Finder	4	279	69.75	11976.92
Eclipse Metrics Plugin 1.3.6	5	71.917	14.3834	271.3575
Eclipse Metrics Plugin 3.4	3	48.96	16.32	372.9472
Semmle	7	776.98	110.9971	21534.4
Understand for Java	6	568	94.66667	24558.67
VizzAnalyzer	8	776	97	24348.29

ANOVA

Source of Variation	SS	df	MS	F	P-value	F crit
Between Groups	97631.87	8	12203.98	0.614248	0.760666	2.63168
Within Groups	814595.6	41	19868.19			
Total	912227.5	49				

jTcGUI_min

Anova: Single Factor

SUMMARY

Groups	Count	Sum	Average	Variance
analyst4j	7	33.8	4.828571	22.40571
C&K Java Metrics	6	21	3.5	31.9
CCCC	4	4	1	4
Dependency Finder	4	37	9.25	198.25
Eclipse Metrics Plugin 1.3.6	5	16	3.2	16.7
Eclipse Metrics Plugin 3.4	3	9	3	27
Semmle	7	72.839	10.40557	315.4621
Understand for Java	6	144	24	1083.2
VizzAnalyzer	8	87	10.875	470.125

ANOVA

Source of Variation	SS	df	MS	F	P-value	F crit
Between Groups	2214.847	8	276.8558	0.976763	0.467555	2.63168
Within Groups	11621.13	41	283.4422			
Total	13835.98	49				

jTcGUI_ave

Anova: Single Factor						
SUMMARY						
Groups	*Count*	*Sum*	*Average*	*Variance*		
analyst4j	7	130.495	18.64214	669.6558		
C&K Java Metrics	6	248	41.33333	4121.739		
CCCC	4	18.6	4.65	22.14333		
Dependency Finder	4	129.2	32.3	2639.907		
Eclipse Metrics Plugin 1.3.6	5	39.458	7.8916	86.96155		
Eclipse Metrics Plugin 3.4	3	24.848	8.282667	145.7261		
Semmle	7	321.103	45.87186	3460.117		
Understand for Java	6	317.8	52.96667	6131.479		
VizzAnalyzer	8	339.4	42.425	5110.965		
ANOVA						
Source of Variation	*SS*	*df*	*MS*	*F*	*P-value*	*F crit*
Between Groups	14192.46	8	1774.058	0.603887	0.76908	2.63168
Within Groups	120446.9	41	2937.73			
Total	134639.4	49				

jaim_max

Anova: Single Factor						
SUMMARY						
Groups	*Count*	*Sum*	*Average*	*Variance*		
analyst4j	7	382	54.57143	3624.286		
C&K Java Metrics	6	1069	178.1667	94918.17		
CCCC	4	77	19.25	320.9167		
Dependency Finder	4	402	100.5	26079		
Eclipse Metrics Plugin 1.3.6	5	161.916	32.3832	1763.62		
Eclipse Metrics Plugin 3.4	3	360.91	120.3033	13940.08		
OOMeter	4	867.5	216.875	179872.7		
Semmle	7	1549.927	221.4181	93727.65		
Understand for Java	6	1088	181.3333	116197.9		
VizzAnalyzer	8	1684	210.5	104144.3		
ANOVA						
Source of Variation	*SS*	*df*	*MS*	*F*	*P-value*	*F crit*
Between Groups	303389.3	9	33709.92	0.490739	0.872861	2.521719
Within Groups	3022454	44	68692.14			
Total	3325844	53				

jaim_min

Anova: Single Factor						
SUMMARY						
Groups	*Count*	*Sum*	*Average*	*Variance*		
analyst4j	7	7	1	1		
C&K Java Metrics	6	5	0.833333	1.766667		
CCCC	4	3	0.75	0.916667		
Dependency Finder	4	8	2	4.666667		
Eclipse Metrics Plugin 1.3.6	5	3	0.6	0.8		
Eclipse Metrics Plugin 3.4	3	1	0.333333	0.333333		
OOMeter	4	2	0.5	0.333333		
Semmle	7	7	1	5		
Understand for Java	6	14	2.333333	18.66667		
VizzAnalyzer	8	16	2	32		
ANOVA						
Source of Variation	*SS*	*df*	*MS*	*F*	*P-value*	*F crit*
Between Groups	23.55	9	2.616667	0.299996	0.970875	2.521719
Within Groups	383.7833	44	8.722348			
Total	407.3333	53				

jaim_ave

Anova: Single Factor						
SUMMARY						
Groups	*Count*	*Sum*	*Average*	*Variance*		
analyst4j	7	36.415	5.202143	27.97934		
C&K Java Metrics	6	50.021	8.336833	90.53559		
CCCC	4	11.239	2.80975	5.97445		
Dependency Finder	4	37.087	9.27175	164.7903		
Eclipse Metrics Plugin 1.3.6	5	17.694	3.5388	15.28481		
Eclipse Metrics Plugin 3.4	3	19.374	6.458	28.87241		
OOMeter	4	33.317	8.32925	223.3598		
Semmle	7	87.236	12.46229	284.3308		
Understand for Java	6	120.761	20.12683	777.0136		
VizzAnalyzer	8	112.804	14.1005	596.8467		
ANOVA						
Source of Variation	*SS*	*df*	*MS*	*F*	*P-value*	*F crit*
Between Groups	1432.804	9	159.2004	0.599174	0.790643	2.521719
Within Groups	11690.79	44	265.6998			
Total	13123.6	53				

proguard_max

Anova: Single Factor						
SUMMARY						
Groups	*Count*	*Sum*	*Average*	*Variance*		
analyst4j	7	1189	169.8571	35240.14		
C&K Java Metrics	6	7337	1222.833	7432251		
CCCC	4	481	120.25	9448.917		
Dependency Finder	4	242.023	60.50575	4490.088		
Eclipse Metrics Plugin 1.3.6	5	640.023	128.0046	25561.54		
Eclipse Metrics Plugin 3.4	3	706	235.3333	41226.33		
Semmle	7	5367	766.7143	1300243		
Understand for Java	6	3265	544.1667	1262313		
VizzAnalyzer	8	8583	1072.875	3441294		
ANOVA						
Source of Variation	*SS*	*df*	*MS*	*F*	*P-value*	*F crit*
Between Groups	9126616	8	1140827	0.61706	0.758372	2.63168
Within Groups	75801287	41	1848812			
Total	84927903	49				

proguard_min

Anova: Single Factor						
SUMMARY						
Groups	*Count*	*Sum*	*Average*	*Variance*		
analyst4j	7	1	0.142857	0.142857		
C&K Java Metrics	6	1	0.166667	0.166667		
CCCC	4	0	0	0		
Dependency Finder	4	1	0.25	0.25		
Eclipse Metrics Plugin 1.3.6	5	1	0.2	0.2		
Eclipse Metrics Plugin 3.4	3	0	0	0		
Semmle	7	2	0.285714	0.238095		
Understand for Java	6	1	0.166667	0.166667		
VizzAnalyzer	8	1	0.125	0.125		
ANOVA						
Source of Variation	*SS*	*df*	*MS*	*F*	*P-value*	*F crit*
Between Groups	0.342619	8	0.042827	0.275336	0.970451	2.63168
Within Groups	6.377381	41	0.155546			
Total	6.72	49				

proguard_ave

Anova: Single Factor

SUMMARY

Groups	Count	Sum	Average	Variance
analyst4j	7	63.201	9.028714	97.25962
C&K Java Metrics	6	111.481	18.58017	704.2114
CCCC	4	25.89	6.4725	42.55175
Dependency Finder	4	10.669	2.66725	15.43554
Eclipse Metrics Plugin 1.3.6	5	29.431	5.8862	61.88965
Eclipse Metrics Plugin 3.4	3	22.44	7.48	87.96991
Semmle	7	192.81	27.54429	1449.45
Understand for Java	6	199.082	33.18033	3079.576
VizzAnalyzer	8	247.929	30.99113	2583.123

ANOVA

Source of Variation	SS	df	MS	F	P-value	F crit
Between Groups	6473.337	8	809.1671	0.707698	0.683046	2.63168
Within Groups	46878.52	41	1143.379			
Total	53351.86	49				
Total	53351.86	49				

Correlation

jTcGUI_max

	analyst4j	C&K Java Metrics	CCCC	›ndency Fi	/letrics Plu	Metrics Plu	Semmle	rstand for	izzAnalyze
analyst4j	1								
C&K Java Metrics	-0.13019	1							
CCCC	0.80467	0.984849146	1						
Dependency Finder	0.998474	0.994104608	0.999857	1					
Eclipse Metrics Plugin 1.3.6	0.993792	0.993506864	0.978912	0.975314	1				
Eclipse Metrics Plugin 3.4	1	#DIV/0!	#DIV/0!	#DIV/0!	1	1			
Semmle	0.020944	0.986779743	0.99695	0.99294	0.991519	1	1		
Understand for Java	-0.10159	0.955823031	0.78993	0.990383	1	#DIV/0!	0.756157	1	
VizzAnalyzer	-0.20941	0.995815552	0.929534	0.99096	0.986666	-1	0.943055	0.90458	1

jTcGUI_min

	analyst4j	‹ Java Met	CCCC	›ndency Fi	/letrics Plu	Metrics Plu	Semmle	rstand for	izzAnalyze
analyst4j	1								
C&K Java Metrics	0.94686	1							
CCCC	0.302614	-0.33333	1						
Dependency Finder	1	0.987829	#DIV/0!	1					
Eclipse Metrics Plugin 1.3.6	0.997781	0.987829	#DIV/0!	1	1				
Eclipse Metrics Plugin 3.4	1	#DIV/0!	#DIV/0!	#DIV/0!	1	1			
Semmle	0.694665	0.713238	#DIV/0!	0.996973	0.990085	#DIV/0!	1		
Understand for Java	-0.26707	-0.03052	0.452911	0.995478	1	#DIV/0!	0.579289	1	
VizzAnalyzer	0.790552	0.825206	-0.33333	0.993561	0.995136	1	0.996861	0.559274	1

jTcGUI_ave

	analyst4j	‹ Java Met	CCCC	›ndency Fi	/letrics Plu	Metrics Plu	Semmle	rstand for	izzAnalyze
analyst4j	1								
C&K Java I	0.01695	1							
CCCC	0.955693	0.915769	1						
Dependen	0.996247	0.992403	0.999402	1					
Eclipse Me	0.995463	0.990957	0.975164	0.96692	1				
Eclipse Me	1	#DIV/0!	#DIV/0!	#DIV/0!	1	1			
Semmle	0.270466	0.966387	0.99469	0.994816	0.991534	1	1		
Understar	-0.21646	0.988194	0.931664	0.992337	0.999557	#DIV/0!	0.973532	1	
VizzAnaly	-0.13549	0.985351	0.698284	0.992841	0.983148	-1	0.944141	0.996793	1

jaim_max

	analyst4j	*C&K Java*	*CCCC*	*Dependen*	*Eclipse Me*	*Eclipse Me*	*OOMeter*	*Semmle*	*Understan*
analyst4j	1								
C&K Java Metrics	-0.17286	1							
CCCC	0.719416	0.866625	1						
Dependency Finder	0.999996	0.999831	0.99986	1					
Eclipse Metrics Plugin 1.3.6	0.999764	0.999989	0.999208	0.999733	1				
Eclipse Metrics Plugin 3.4	-1	#DIV/0!	#DIV/0!	#DIV/0!	1	1			
OOMeter	-0.45054	0.998794	-0.01872	1	1	#DIV/0!	1		
Semmle	-0.13593	0.999545	0.999405	0.99818	0.999982	1	1	1	
Understand for Java	0.180659	0.791605	0.627727	0.996856	1	#DIV/0!	0.785673	0.563967	1

jaim_min

	analyst4j	*C&K Java*	*CCCC*	*Dependen*	*Eclipse Me*	*Eclipse Me*	*OOMeter*	*Semmle*	*Understan*
analyst4j	1								
C&K Java Metrics	0.892753	1							
CCCC	0.636364	0.870388	1						
Dependency Finder	1	0.866025	0.866025	1					
Eclipse Metrics Plugin 1.3.6	0.454545	-0.5	-0.5	0	1				
Eclipse Metrics Plugin 3.4	1	#DIV/0!	#DIV/0!	#DIV/0!	1	1			
OOMeter	0.57735	#DIV/0!	-0.5	1	1	#DIV/0!	1		
Semmle	0	-0.39528	-0.5	0.913266	1	#DIV/0!	0.5	1	
Understand for Java	1	0.875	0.636364	0.974632	0	#DIV/0!	0.57735	0.975515	1

jaim_ave

	analyst4j	*C&K Java*	*CCCC*	*Dependen*	*Eclipse Me*	*Eclipse Me*	*OOMeter*	*Semmle*	*Understan*
analyst4j	1								
C&K Java Metrics	0.295166	1							
CCCC	0.977446	0.963397	1						
Dependency Finder	0.999714	0.982229	0.992415	1					
Eclipse Metrics Plugin 1.3.6	0.999327	0.960217	0.976449	0.995565	1				
Eclipse Metrics Plugin 3.4	1	#DIV/0!	#DIV/0!	#DIV/0!	1	1			
OOMeter	-0.54098	0.991298	-0.72939	1	1	#DIV/0!	1		
Semmle	0.1031	0.980715	0.969645	0.992499	0.998448	1	0.999699	1	
Understand for Java	-0.3768	0.991204	0.980256	0.990266	0.999941	#DIV/0!	0.993546	0.991171	1

proguard_max

	analyst4j	*C&K Java*	*CCCC*	*Dependen*	*Eclipse Me*	*Eclipse Me*	*Semmle*	*Understan*	*VizzAnalyz*
analyst4j	1								
C&K Java Metrics	-0.34794	1							
CCCC	0.526875	0.616508	1						
Dependency Finder	1	0.999976	1	1					
Eclipse Metrics Plugin 1.3.6	0.999962	0.999969	0.999999	0.999824	1				
Eclipse Metrics Plugin 3.4	1	#DIV/0!	#DIV/0!	#DIV/0!	1	1			
Semmle	-0.33089	0.997808	0.999999	0.999682	0.999979	1	1		
Understand for Java	0.688604	0.186608	0.589024	0.999999	1	#DIV/0!	0.485373	1	
VizzAnalyzer	-0.36323	0.999979	0.612453	1	0.958485	-1	0.982595	0.351748	1

proguard_min

	analyst4j	*C&K Java M*	*CCCC*	*Dependen*	*Eclipse Me*	*Eclipse Me*	*Semmle*	*Understan*	*VizzAnalyz*
analyst4j	1								
C&K Java Metrics	1	1							
CCCC	#DIV/0!	#DIV/0!	1						
Dependency Finder	1	1	#DIV/0!	1					
Eclipse Metrics Plugin 1.3.6	1	1	#DIV/0!	1	1				
Eclipse Metrics Plugin 3.4	#DIV/0!	#DIV/0!	#DIV/0!	#DIV/0!	#DIV/0!	1			
Semmle	1	1	#DIV/0!	1	1	#DIV/0!	1		
Understand for Java	#DIV/0!	#DIV/0!	#DIV/0!	#DIV/0!	#DIV/0!	#DIV/0!	0.612372	1	
VizzAnalyzer	#DIV/0!	#DIV/0!	#DIV/0!	#DIV/0!	#DIV/0!	#DIV/0!	0.632456	1	1

proguard_ave

	analyst4j	*C&K Java M*	*CCCC*	*Dependen*	*Eclipse Me*	*Eclipse Me*	*Semmle*	*Understan*	*VizzAnalyz*
analyst4j	1								
C&K Java Metrics	-0.08191	1							
CCCC	0.807114	0.90185	1						
Dependency Finder	0.999955	0.99996	0.985051	1					
Eclipse Metrics Plugin 1.3.6	0.999914	0.999922	0.98113	0.99976	1				
Eclipse Metrics Plugin 3.4	1	#DIV/0!	#DIV/0!	#DIV/0!	1	1			
Semmle	-0.15905	0.997378	0.988917	0.994488	0.994903	1	1		
Understand for Java	-0.20826	0.990386	0.963085	0.994009	0.991437	#DIV/0!	0.869448	1	
VizzAnalyzer	-0.09119	0.999629	0.868114	0.982366	0.984918	-1	0.924167	0.992614	1

Alghamdi, J. S., Rufai, R. A., & Khan, S. M. (2005). *OOMeter: Uma ferramenta de garantia de qualidade de software.* Trabalho apresentado no null.

Bergel, A., Denier, S., Ducasse, S., Laval, J., Bellingard, F., Vaillergues, P., . . . Mordal-Manet, K. (2009). *Melhoria da qualidade do software Squale.* Trabalho apresentado no Software Maintenance and Reengineering, 2009. CSMR'09. 13ª Conferência Europeia sobre.

Buhler, T. (2003). MooseGager, uma ferramenta de métrica de software baseada no Moose.

Chidamber, S. R., & Kemerer, C. F. (1994). A metrics suite for object oriented design. *IEEE Transactions on software engineering, 20*(6), 476-493.

Christodoulakis, D., Tsalidis, C., van Gogh, C., & Stinesen, V. (1989). *Towards an automated tool for software certification (Para uma ferramenta automatizada de certificação de software).* Documento apresentado na conferência Tools for Artificial Intelligence, 1989. Arquitecturas, Linguagens e Algoritmos, Workshop Internacional do IEEE.

Crnkovic, I., Hnich, B., Jonsson, T., & Kiziltan, Z. (2002). Specification, implementation, and deployment of components. *Communications of the ACM, 45*(10), 35-40.

Deissenboeck, F., Heinemann, L., Herrmannsdoerfer, M., Lochmann, K., & Wagner, S. (2011). *A cadeia de ferramentas quamoco para modelação e avaliação da qualidade.* Trabalho apresentado nas Actas da 33.ª conferência internacional sobre engenharia de software.

e Abreu, F. B. (1995). *O conjunto de métricas MOOD.* Comunicação apresentada no proc. ECOOP.

Farnese, R., Melo, W., & Veiga, A. d. (1999). JMetrics: Extrator de métricas Java. *Oracle Consulting Services Brasil.*

Feller, J., & Fitzgerald, B. (2000). *Uma análise da estrutura do paradigma de desenvolvimento de software de fonte aberta.* Documento apresentado nas Actas da vigésima primeira conferência internacional sobre sistemas de informação.

Fenton, N. E., & Neil, M. (2000). *Software metrics: roadmap.* Documento apresentado nas Actas da Conferência sobre o Futuro da Engenharia de Software.

Gordana, R. (2015). *Estrutura extensível e adaptável para análise estática independente da linguagem de entrada.* Tese de doutoramento, Universidade de Novi Sad, Novi Sad.

Halstead, M. H. (1977). *Elements of software science* (Vol. 7): Elsevier New York.

Herraiz, I., Izquierdo-Cortazar, D., Rivas-Hernández, F., Gonzalez-Barahona, J., Robles, G., Duenas-Dominguez, S., . . . Tovar, L. (2009). *Flossmetrics: Métricas de software livre/libre/open source.* Trabalho apresentado no Software Maintenance and Reengineering, 2009. CSMR'09. 13ª Conferência Europeia sobre.

Higo, Y., Saitoh, A., Yamada, G., Miyake, T., Kusumoto, S., & Inoue, K. (2011). *Uma ferramenta plugável para medir métricas de software a partir do código-fonte.* Trabalho apresentado na Software Measurement, 2011 Joint Conference of the 21st Int'l Workshop on and 6th Int'l Conference on Software Process and Product Measurement (IWSM-MENSURA).

Kaur, A., & Mann, K. S. (2010). Engenharia de software baseada em componentes. *Revista Internacional de Aplicações Informáticas, 2*(1), 105-108.

Kocaguneli, E., Tosun, A., Bener, A. B., Turhan, B., & Caglayan, B. (2009). *Prest: Uma Ferramenta Inteligente de Extração de Métricas de Software, Análise e Previsão de Defeitos.* Trabalho apresentado no SEKE.

Kokol, P., Viljem, #381, umer, Brest, J., & Mernik, M. (1995). PROMIS: um gerador de ferramentas de métricas de software. *SIGPLAN Not., 30*(5), 37-42. doi: 10.1145/201937.201943

Lewerentz, C., & Simon, F. (1998). Uma ferramenta de métricas de produto integrada num ambiente de desenvolvimento de software. *methods, 5*, 30.

Lorenz, M., & Kidd, J. (1994). *Object-oriented software metrics: a practical guide*: Prentice-Hall, Inc.

Marinescu, R. (1997). A utilização de métricas de software na conceção de sistemas orientados para objectos. *Tese de mestrado, Universitatea Polytehnica din Timi soara.*

McCabe, T. J. (1976). Uma medida de complexidade. *IEEE Transactions on software Engineering*(4), 308320.

Mordal-Manet, K., Balmas, F., Denier, S., Ducasse, S., Wertz, H., Laval, J., . . . Vaillergues, P. (2009). *O modelo squale - Um modelo de qualidade industrial baseado na prática.* Trabalho apresentado no Software Maintenance, 2009. ICSM 2009. Conferência Internacional do IEEE.

Morris, K. L. (1989). *Métricas para ambientes de desenvolvimento de software orientados para objectos.* Instituto de Tecnologia de Massachusetts.

Pfeiffer, A. (1997). SNiFF+: eine einheitliche Arbeitsumgebung far groβe Softwareprojekte. *OBJEKTspektrum março/abril, 97*, 30-34.

Pressman, R. S. (2005). *Software engineering: a practitioner's approach (Engenharia de software: uma abordagem prática)*: Palgrave Macmillan.

Radatz, J., Geraci, A., & Katki, F. (1990). Glossário padrão IEEE de terminologia de engenharia de software. *IEEE Std,* 610121990(121990), 3.

Schackmann, H., Jansen, M., Lischkowitz, C., & Lichter, H. (2009). *QMetric-a metric tool suite for the evaluation of software process data.* Trabalho apresentado no ICSE Companion.

Scotto, M., Sillitti, A., Succi, G., & Vernazza, T. (2004). Lidando com a coleta e análise de métricas de software: uma abordagem relacional. *Stud. Inform. Univ., 3*(3), 343-366.

Sillitti, A., Janes, A., Succi, G., & Vernazza, T. (2003). *Recolha, integração e análise de métricas de software e dados pessoais de processos de software.* Trabalho apresentado na Conferência Euromicro, 2003. Actas. 29ª edição.

Sommerville, I. (2004). Engenharia de Software. Série internacional de ciência da computação: *Addison Wesley.*

Szyperski, C. (1998). Component Software: beyond object-oriented software. *Reading, MA: ACM/Addison-Wesley.*

Vogelsang, A., Fehnker, A., Huuck, R., & Reif, W. (2010). Métricas de software na análise estática de programas *Métodos formais e engenharia de software* (pp. 485-500): Springer.

APÊNDICE B

```
package swingui;
import java.applet.Applet;

 import java.awt.Button;
 import java.awt.Checkbox;
 import java.awt.Frame;
 import java.awt.Label;
 import java.awt.Panel;
 import java.awt.TextArea;
 import java.awt.event.ActionEvent;
 import java.awt.event.ActionListener;
 import java.awt.event.WindowAdapter;
 import java.awt.event.WindowEvent;
 import java.io.File;
 import java.io.PrintStream;
 import java.text.DecimalFormat;
 import javax.swing.JFileChooser;
 import javax.swing.filechooser.FileFilter;
 import model.LOCcounter;
 import model.Reporter;


 public class SwingGUI
   extends Applet
   implements ActionListener
 {
   private boolean inAnApplet = true;
   private JFileChooser dialog;
   private TextArea display;
                 private Checkbox cb2;
   private Checkbox cb3;
   private Button btnChoose;
   private Button btnClear;
   private Label Total;
   private Label PTotal;
   private Label CTotal;
   private Label heading;
   private int totalLOC = 0;
   String newline;
   DecimalFormat fmt = new DecimalFormat("00000");
   LOCcounter theLOC = new LOCcounter();


   private String[] fileExtensionFilters = { ".java", ".c"};
```

```
   public void init()
   {
Panel topPanel = new Panel();
     topPanel.setName("topPanel");
                          this.heading = new Label ("Metrics Collection
Tool - MECOT");
                          //this.me = new Label ("by Yusuf Mshelia");
     this.cb3 = new Checkbox("Count Comments");
     this.cb3.setState(true);
                    this.cb2 = new Checkbox("Count Comments");
                    this.cb2.setState(false);
          //topPanel.add("West", this.cb3);
                    topPanel.add("Centre", this.heading);
                    //topPanel.add("South", this.me);
          this.btnChoose = new Button("Choose File");
          this.btnChoose.setName("btnChoose");
          topPanel.add("East", this.btnChoose);
          this.btnChoose.addActionListener(this);
          add("North", topPanel);

          this.display = new TextArea(15, 60);
          this.display.setEditable(false);
          add("Center", this.display);
          Panel panel = new Panel();

          this.Total = new Label("Total SLOC: 0        "+ "\n");
          panel.add(this.Total);

                    this.PTotal = new Label("Total SLOC+C: 0        "
+"\n");
                    panel.add(this.PTotal);

                    this.CTotal = new Label("Total CLOC: 0        " +
"\n");
                    panel.add(this.CTotal);

          this.btnClear = new Button("Clear");

          this.btnClear.addActionListener(this);
          panel.add("East", this.btnClear);

                          //panel.add("South", this.me);

          add("South", panel);
          setSize(450, 350);

          this.btnChoose.requestFocus();

 addWindowListener(new WindowAdapter()
```

```
            {
          public void windowClosing(WindowEvent e)
          {
            if (SwingGUI.this.inAnApplet)
            {
              SwingGUI.this.setVisible(false);
              SwingGUI.this.dispose();
            }
            else
            {
              System.exit(0);
            }

          }
            });


        this.newline = System.getProperty("line.separator");



     FileDrop fd = new FileDrop(this.display, new
FileDrop.Listener()
     {
       public void filesDropped(File[] files)
       {
         SwingGUI.this.processFiles(files);
       }
     });
   }
      protected void dispose() {
      // TODO Auto-generated method stub

}
private void addWindowListener(WindowAdapter windowAdapter) {
      // TODO Auto-generated method stub

}


   private void processFiles(File[] files)
   {
                 setText("SLOC REPORT");
           Reporter dir = new Reporter(this.cb2.getState(), files);
           dir.countLines();
           setText(dir.getReport().toString());
           this.Total.setText("Total SLOC: " + dir.getTotal()+
"\n");

                 setText("SLOC+C REPORT");
```

```
                Reporter dir1 = new Reporter(this.cb3.getState(),
files);
                dir1.countLines();
                setText(dir1.getReport().toString());
                this.PTotal.setText("Total SLOC+C:
"+dir1.getTotal());

                setText("--------------------");

                this.CTotal.setText("Total CLOC: " +
(dir1.getTotal()-dir.getTotal()));

   }

   public void actionPerformed(ActionEvent event)
   {
          int CurrentLOC = 0;
          if (event.getSource() == this.btnChoose)
     {
            if (this.dialog == null)
       {
              this.dialog = new JFileChooser();
              this.dialog.setDialogTitle("Choose Files");
              this.dialog.setMultiSelectionEnabled(true);

              for (String str : this.fileExtensionFilters)
         {
                this.dialog.addChoosableFileFilter(new
FilenameExtensionFilter(str, "*" + str));
         }


              this.dialog.setAcceptAllFileFilterUsed(true);

              this.dialog.setFileSelectionMode(2);
       }
            this.dialog.setVisible(true);

            if (this.dialog.showOpenDialog(this) == 0)
       {

              processFiles(this.dialog.getSelectedFiles());
       }
     }
          else if (event.getSource() == this.btnClear)
     {
            this.totalLOC = 0;
            this.Total.setText("Total SLOC: 0");
                     this.PTotal.setText("Total SLOC+C: 0");
                     this.CTotal.setText("Total CLOC: 0");
            this.display.setText(" ");
```

```
        }
    }


    public void setText(String text)
    {
            this.display.append(text + this.newline);
    }

    class FilenameExtensionFilter
      extends FileFilter
    {
      String ext;

      String desc;

      public FilenameExtensionFilter(String extension, String
description)
      {
              this.ext = extension;
              this.desc = description;
      }

      public boolean accept(File file)
      {
              String filename = file.getName();
              return filename.endsWith(this.ext);
      }

      public String getDescription()
      {
              return this.desc;
      }
    }
  }
```

```
/*      */ package model;
/*      */ 
/*      */ import java.io.BufferedReader;
/*      */ import java.io.FileReader;
/*      */ import java.io.IOException;
/*      */ import java.io.PrintStream;
/*      */ 
/*      */ 
/*      */ 
/*      */ public class LOCcounter
/*      */ {
/*   12 */   private boolean countComments = true;
/*      */   private static final int kDefaultMinLineSize = 4;
/*   14 */   private int minLineSize = 4;
/*      */ 
/*      */   public void setCommentState(boolean flag)
/*      */   {
/*   23 */     this.countComments = flag;
/*      */   }
/*      */ 
/*      */   public void setMinLineSize(int size)
/*      */   {
/*   34 */     if (size > 0)
/*      */     {
/*   36 */       this.minLineSize = size;
/*      */     }
/*      */     else
/*      */     {
/*   40 */       this.minLineSize = 1;
/*      */     }
/*      */   }
/*      */ 
/*      */   public int getLinesInFile(String filename)
/*      */   {
/*   52 */     int result = 0;
/*      */     try
/*      */     {
/*   55 */       BufferedReader in = new BufferedReader(new
FileReader(filename));
/*   56 */       result = getLinesInFile(in);
/*   57 */       in.close();
/*      */     }
/*      */     catch (IOException ex)
/*      */     {
/*   61 */       System.out.println(ex);
/*      */     }
/*   63 */     return result;
/*      */   }
/*      */   public int getLinesInFile(BufferedReader fileIn)
/*      */     throws IOException
/*      */   {
```

```
/*  73 */      int lineCount = 0;
                      //int clineCount = 0;
/*  74 */      boolean blockComment = false;
/*     */
/*  76 */      String inputLine = fileIn.readLine();
/*     */
/*     */
/*  79 */      while (inputLine != null)
/*     */      {
/*     */
/*     */
/*  83 */        int charcount = 0;
/*  84 */        int index = 0;
/*  85 */        inputLine = inputLine.trim();
/*     */
/*     */
/*  88 */        if ((inputLine.startsWith("/*")) &&
(!this.countComments))
/*     */        {
/*     */
/*     */
/*  92 */          blockComment = true;
/*     */        }
/*     */
/*  95 */        if (blockComment)
/*     */        {
/*     */
/*  98 */          if (inputLine.indexOf("*/") != -1)
/*     */          {
/* 100 */            blockComment = false;
/*     */          }
/*     */
/*     */        }
/*     */        else
/*     */        {
/* 106 */          while ((index < inputLine.length()) &&
(charcount < this.minLineSize))
/*     */          {
/*     */
/* 109 */            if (inputLine.charAt(index) != ' ')
/*     */            {
/* 111 */              charcount++;
/*     */            }
/* 113 */            index++;
/*     */          }
/*     */
/*     */
/* 117 */          if (charcount == this.minLineSize)
/*     */          {
/*     */
/*     */
```

```
/* 121 */           if (!this.countComments)
/*     */           {
/*     */
/* 124 */             if ((!inputLine.startsWith("//")) &&
(!inputLine.startsWith("--")))
/*     */             {
/*     */
/* 127 */               lineCount++;
/*     */             }
/*     */
/*     */           }
/*     */           else {
/* 132 */             lineCount++;
                                //clineCount = lineCount;
/*     */           }
/*     */         }
/*     */       }
/*     */
/*     */
/*     */
/* 139 */       inputLine = fileIn.readLine();

/*     */     }
/*     */
/* 142 */     return lineCount;
/*     */   }
/*     */ }
```

APÊNDICE C

Ferrament	**Autor**	**Título**	**Métricas**	**Interesse/método/foco da investigação**	**Força**	**Lacunas**	**Observações**
Medidor OOM	(Alghamdi, et al., 2005)	OOMeter: Uma ferramenta de garantia de qualidade de software	1. Rácio de interacções coesivas (RCI) 2. Método ponderado por classe (WMC) 3. Profundidade de uma árvore de herança (DIT) 4. Número de filhos (NOC) 5. Acoplamento de objectos (CBO) 6. Resposta para uma classe (RFC) 7. Falta de coesão nos métodos (LCOM) 8. Coesão de classe estreita (TCC) 9. Falta de coesão da turma 10. Linhas de código (LOC)	Mede o atributo de qualidade de cada artefacto (código fonte e métricas ao nível do design) produzido durante um projeto de desenvolvimento de software e funciona com código fonte Java e C# ou ficheiro XMI gerado a partir de uma ferramenta de casos UML	Aceita Java e C# Interface para os utilizadores definirem métricas personalizadas através de classes java que implementam uma determinada interface	Limitado ao ficheiro XML gerado a partir de uma ferramenta de casos UML	1.Não Tradicional Software Métricas 2.Stand -sozinho
MASU	(Higo, et al., 2011)	Uma ferramenta de ligação para	A C&K Metrics (WMC, DIT,	Plataforma de medição de métricas	Independente de outras pré-métricas	Mede apenas 7 métricas	
		Medição de métricas de software a partir do código-fonte	NOC, CBO, RFC, LCOM, CC)	MASU: Ferramenta métrica multilingue baseada na métrica C&K	ferramentas		
PREST	(Kocaguneli, et al., 2009)	Prest: Uma ferramenta inteligente de extração de métricas de software, análise e previsão de defeitos	Preditor e analisador de métricas de código estático	Utilização de métodos de aprendizagem automática para análise e previsão de defeitos	Capacidade de definir novas métricas Os resultados estão em 5 formatos através da componente GUI Utilização de métodos de aprendizagem automática para análise e previsão de defeitos	Limitado a métricas estáticas OO Limitado a OO Metrics, autónomo baseado em Java	Libertação do meu trabalho
QMetrics	(Schackmann, et al., 2009)	QMetric - Um conjunto de ferramentas métricas para a avaliação de dados de processos de software	QMetric-bugzillaMetrics	Especifica métricas com avaliação automática baseada em dados de comparação empírica	Infraestrutura geral para avaliar métricas em dados de processos de software Suporte flexível de ferramentas para definir e avaliar modelos de qualidade com base em métricas de software.		Grande modificação do componente

Goanna	(Vogelsang, et al., 2010)	Métricas de software na análise estática de programas	GOANNA-	abordagem de visualização para a apresentação dos resultados das métricas Linguagem de especificação métrica de visualização definida pelo utilizador (GMSL)	Métricas definidas pelo utilizador para visualização definida pelo utilizador	Para métricas OO estáticas Licenciado comercialment e	Autónomo
MOOSE	(Buhler, 2003)	MooseGager, uma ferramenta de métricas de software baseada no Moose	Métricas de dimensão do projeto (19), métricas de dimensão da classe (7), métricas de dimensão do método (6), métricas de características do projeto (7), deteção de falhas (substituições NOP, substituições NOP, classes grandes, métodos longos, métodos mal colocados)	Engenharia inversa e reengenharia de sistemas OO ambiente.		Não contempla novas métricas Não para métricas tradicionais de software	Autónomo
FLOSSM étrica	(Herraiz, et al., 2009)	FLOSSMetrics: Métricas de Software Livre / Libre / Open Source	Ferramentas de extração integradas: CVSAnalY, Mailing List Stats, Bicho, pacote CMetrics da Libresoft, SLOCCount, CCCC, PyMetrics, PerlMetrics	construir, publicar e analisar uma base de dados em grande escala com informações e métricas sobre o desenvolvimento de software livre	A utilização de metodologias existentes e de ferramentas já desenvolvidas	Foco no repositório de métricas	
ROMIS	(Kokol, et al., 1995)	PROMIS: um gerador de ferramentas de métricas de software		Uma arquitetura geral para gerar uma nova ferramenta de métricas	Foco na criação de ferramentas		
Crocodilo	(Lewerentz & Simon, 1998)	Uma ferramenta de métrica de produto integrada numa Ambiente de desenvolvimento de software		plugin	Na ferramenta SNiFF+, avalia C++/Java		Ferramenta autónoma
PROM	(Sillitti, et al., 2003)	Recolha, integração e análise de métricas de software e dados pessoais do processo de software	Indefinido (métricas pessoais)	dados do processo de software pessoal (PSP), centrados no esforço do projeto			
SQUALE	(Bergel, et al., 2009)	SQUALE - Melhoria da qualidade do software	Ferramenta de medição de todas as métricas	Código aberto	Avalia as linguagens de programação		Autónomo
QUAMO CO	(Deissenboe ck, et al., 2011)	A cadeia de ferramentas Quamoco para modelação e avaliação da qualidade		Foco na garantia de qualidade e modelação	Modelos de qualidade que vão desde características abstractas até medidas operacionalizadas	Funciona com kit de ferramentas dependente	Autónomo

SSQSA	(Gordana, 2015)	Estrutura extensível e adaptável para análise estática independente da linguagem de entrada	Múltiplas linguagens de programação	Quadro sobre a meta-estrutura das linguagens de programação			

Printed by Books on Demand GmbH, Norderstedt / Germany